江西理工大学优秀博士论文文库

破碎统计力学原理及转移概率在装补球制度中的应用与实践

吴彩斌 著

北 京

冶 金 工 业 出 版 社

2017

内 容 提 要

本书包括 9 章，主要介绍了球磨作业在矿物加工过程中的地位和作用，国内外球磨作业的装补球制度研究现状，球荷特性与磨矿产品质量的关系研究，破碎统计力学原理，破碎统计力学原理在确定球荷特性时的应用研究，球荷的转移概率研究，破碎统计力学原理及转移概率在金平镍矿中的应用研究，研究结论及有待继续研究的问题，破碎统计力学原理及转移概率在梅山铁矿中的应用研究。

本书可供从事矿物加工的工程技术人员、科研人员和管理人员阅读，也可作为高等院校矿物加工工程专业研究生课程教材。

图书在版编目（CIP）数据

破碎统计力学原理及转移概率在装补球制度中的应用与实践
/吴彩斌著 . —北京：冶金工业出版社，2017. 12
（江西理工大学优秀博士论文文库）
ISBN 978-7-5024-7700-4

Ⅰ . ①破…　Ⅱ . ①吴…　Ⅲ . ①磨矿—球磨　Ⅳ . ①TD921

中国版本图书馆 CIP 数据核字（2017）第 317008 号

出 版 人　谭学余
地　　址　北京市东城区嵩祝院北巷 39 号　邮编　100009　电话　（010）64027926
网　　址　www.cnmip.com.cn　电子信箱　yjcbs@ cnmip. com. cn
责任编辑　杨盈园　美术编辑　杨 帆　版式设计　孙跃红
责任校对　李 娜　责任印制　牛晓波
ISBN 978-7-5024-7700-4
冶金工业出版社出版发行；各地新华书店经销；三河市双峰印刷装订有限公司印刷
2017 年 12 月第 1 版，2017 年 12 月第 1 次印刷
169mm×239mm；8. 25 印张；161 千字；121 页
54. 00 元
冶金工业出版社　投稿电话　（010）64027932　投稿信箱　tougao@cnmip. com. cn
冶金工业出版社营销中心　电话　（010）64044283　传真　（010）64027893
冶金书店 地址　北京市东四西大街 46 号（100010）　电话　（010）65289081（兼传真）
冶金工业出版社天猫旗舰店　yjgycbs.tmall.com
（本书如有印装质量问题，本社营销中心负责退换）

前　　言

　　矿业是支撑国民经济运行的十分重要的基础产业。矿产资源是人类生产和生活资料的基本源泉，是国民经济和社会发展的重要物质基础，是人类社会发展的动力。矿产资源的开发与利用及其配置方式往往决定了经济、社会发展的物质基础并影响到世界政治、经济的基本格局。

　　我国已建立起世界上非常完备的矿产资源开发体系，但由于我国矿产资源分布的特点，贫富矿差异较大，部分用量大的支柱性矿产贫矿多、富矿少，尤其是关系到国计民生的用量大的支柱性重要矿产，如铁、锰、铝、铜、铅、锌、硫、磷等矿产，或贫矿多或难选矿多或共生、伴生矿关系复杂，嵌布粒度极细，特别是我国正在推动矿业可持续发展战略，实行综合开发、综合利用的方针，以及来自环保方面的压力，导致开发成本较高或根本难以开发。要开发利用，必须采用先进的技术和先进的工艺。

　　正是由于我国矿产资源越来越趋向贫、细、杂，目前的矿产综合利用无不与磨矿息息相关。要想将有用矿物从脉石矿物中解离出来，要想将两种或两种以上的相互嵌布的有用矿物彼此分离，都必须通过磨矿将其磨至合适的粒度才能实现。因此，磨矿粒度的确定是非常重要的问题。一方面，有些指标如生产率和能耗费用取决于粒度的正确选择；另一方面，有用成分是否能有效回收也取决于粒度的正确选择。过磨会导致泥化，引起金属损失，使脱水作业指标恶化，产量下降和成本增加。磨矿不够则会使有用成分解离不充分，造成有用成分损失。

如何使有用矿物能从脉石矿物中充分解离出来并且在尽可能粗的粒度下解离，换句话说，如何获取最佳解离效率，国内外的选矿工作者都做了很多的努力。在国内，段希祥教授从我国国情出发，用破碎力学原理推导出计算磨机球径的半理论公式［见式(2-13)］。其基本思想是精确破碎力使矿物沿晶粒边界诱发粒间裂隙而不是晶粒内部的破裂，而后者往往是导致过粉碎的原因。在国外，矿物解离研究也没有取得令人鼓舞的进展。而近年来采用电能、超声波能、高压脉冲来产生等离子体及利用微波辐射等在磨矿前对破碎矿石进行热处理的研究，显示了对改善矿物的解离大有益处，但这仅限于实验室研究，离工业应用仍很遥远。

然而，获取最佳解离效率并不是磨矿的终极目的。众所周知，磨矿的基建投资、维修费用以及磨矿所耗费的钢耗、能耗等所构成的磨矿成本占选厂成本的50%~75%。因此，全面改善磨矿效果、获得好的磨矿产品质量，才是选矿厂最感兴趣的事。而通过什么样的工艺或方法来全面改善磨矿效果，是许多矿物工作者一直孜孜以求的目标。由于影响磨矿效果的因素错综复杂，以至于长期以来许多矿物工作者从不同的因素入手，取得许多好的磨矿效果。其中最值得关注的是从磨矿介质这个影响因素入手来全面改善磨矿效果。这是因为绝大多数磨矿作业都是通过磨矿介质来实现的。磨矿介质使用适当与否常常影响到磨矿产品质量好坏。在我国，人们早就注意到钨、锡、锑、钼等脆性有价金属矿物的磨碎常用棒磨机而不用球磨机，目的就是避免过粉碎产生。但在金属矿山的磨矿作业中，绝大多数磨矿介质仍以球磨为主。

　　然而，磨矿介质又受诸如介质尺寸大小与形状、磨机装载量、介质配比、合理补加钢球制度和磨机转速等影响因素的制约。任何一个环节的细小变化都会影响磨矿效果。如介质尺寸过大则会导致钢球的破碎力大，容易造成贯穿破碎效果，是产生过粉碎的最大"祸首"；如使用截头圆锥作为细磨介质，发现其细磨效果比用钢球作为磨矿介质要好得多，产品质量明显改善；使用不同钢球级配的装球制度，其磨矿效果比只装一种钢球也好得多；一天补一次或多次少量钢球比一星期或一个月补加一次钢球，其磨矿效果要好；在一定范围内，磨机的台时处理能力随充填率的增加、磨机转速的增加而增加。在生产实践中，人们根据不同的磨矿目的，相应地采用不同的装、补球制度，如磨矿的主要目的是为了磨碎粗粒，因粗粒对后续作业影响太大，通常人为地采用加大大尺寸钢球的比例，以提高磨碎粗级别的效率，此种装球制度称为过大球制度；如果磨矿的主要目的是尽量保护有用矿物少受磨损并使其保持在较粗的粒度，而脉石则尽量磨细，使有用矿物与脉石矿物分离。如金刚石、宝玉石及铝矿石的磨矿等，通常人为地采用过小尺寸的钢球，降低钢球携带的能量，即减少其破碎力，可减少对有用矿物磨碎的危害，而能有效地磨碎脉石，此种装球制度称为过小球制度；如果磨矿的主要目的是以解离有用矿物为主，即实现有用矿物与脉石矿物的充分解离，同时又要减少产品中过粗（磨不细）及过细（过粉碎）级别的产率，这就要求在磨矿过程中必须加强矿物解离的选择性。而要提高矿物解离的选择性，就必须使矿石所受的破碎力精确，进一步要求就是钢球尺寸的精确。此种装球制度称为精确化装、补球制度。

　　不管采用何种装球制度，都是服务于不同的磨矿目的。在工程实践上，当选定磨机类型和选择一定形状的磨矿介质时，如何优化磨矿介质使磨矿效果最佳是本书主要研究的问题。本书的研究技术路线是：在不改变现有磨机类型和磨矿介质形状的条件下，通过试验求出磨机给料中各级别对应的最佳钢球尺寸（精确破碎力），并根据磨机给料组成进行精确化装球。在此基础上，根据破碎统计力学原理找出最佳的磨矿产品质量，此对应的最佳球荷就是作为初装球的依据。再利用球荷的转移概率寻求钢球的磨损规律，以此作为补加钢球的依据，从而使磨机内球荷始终处于最佳球荷范围内磨矿。

　　理论是为实践服务的。作者并没有囿于纯理论研究，而是将理论研究结果应用于生产实践中去。在金平镍矿实际应用该理论和方法，实践表明，确实起到了提高磨机台时处理能力、提高磨机排矿产品细度、提高磨矿效率和提高磨矿产品单体解离度、降低球耗、减少衬板磨损、降低电耗和工作噪声，全面改善磨矿质量的作用，在经济和社会效益方面，均取得了令人满意的效果。

　　　　　　　　　　　　　　　　　　　　　　　　作　者
　　　　　　　　　　　　　　　　　　　　　　　2017 年 9 月

目　　录

1 球磨作业在矿物加工过程中的地位和作用 ………………………………… 1

1.1 球磨作业在矿物加工过程中的地位 ……………………………… 1

1.2 球磨作业在矿物加工过程中的作用 ……………………………… 1

1.3 球磨作业在矿物加工过程中的作用 ……………………………… 2

1.4 钢球在磨矿过程中的作用 ………………………………………… 3

2 国内外球磨作业的装补球制度研究现状 ……………………………… 5

2.1 钢球尺寸的选择综述 ……………………………………………… 5

　　2.1.1 影响钢球尺寸的因素 ……………………………………… 5

　　2.1.2 确定钢球尺寸的方法 ……………………………………… 6

2.2 国外球磨作业的装补球制度的研究现状 ………………………… 9

　　2.2.1 磨机大型化研究 …………………………………………… 11

　　2.2.2 补加球的合理化研究 ……………………………………… 11

　　2.2.3 介质运动规律及矿物解离度研究 ………………………… 12

2.3 国内球磨作业的装补球制度的研究现状 ………………………… 12

2.4 研究的目的及其主要内容 ………………………………………… 14

　　2.4.1 研究的目的 ………………………………………………… 14

　　2.4.2 研究的主要内容 …………………………………………… 15

2.5 本章小结 …………………………………………………………… 16

3 球荷特性与磨矿产品质量的关系研究 ……………………………… 17

3.1 装补球制度对磨矿产品质量的影响 ……………………………… 17

3.2 不同尺寸钢球制度下的磨矿产品粒度特性试验研究 …………… 19

　　3.2.1 试验方法 …………………………………………………… 19

　　3.2.2 试验结果 …………………………………………………… 19

3.3 不同装球制度下磨矿产品粒度组成特性试验研究 ……………… 23

　　3.3.1 试验方法 …………………………………………………… 23

　　3.3.2 试验结果 …………………………………………………… 25

3.4 实际矿石的试验结果 ……………………………………………… 26

3.4.1 试验方法 …………………………………………… 27

3.4.2 试验结果 …………………………………………… 27

3.4.3 试验研究结论 ……………………………………… 31

3.5 本章小结 ………………………………………………… 31

4 破碎统计力学原理 ………………………………………… 32

4.1 破碎过程的统计现象 …………………………………… 32

4.2 破碎统计力学的研究方法 ……………………………… 34

4.2.1 统计物理的研究方法 ……………………………… 35

4.2.2 破碎统计力学的研究方法 ………………………… 36

4.3 破碎统计力学原理 ……………………………………… 36

4.3.1 单一球径组破碎的统计力学 ……………………… 36

4.3.2 混合球径组破碎的统计力学 ……………………… 37

4.4 本章小结 ………………………………………………… 39

5 破碎统计力学原理在确定球荷特性时的应用研究 ………… 40

5.1 磨矿作业的类型与对球荷特性的要求 ………………… 40

5.2 球径与破碎行为的关系研究 …………………………… 41

5.2.1 矿物的变形 ………………………………………… 41

5.2.2 矿物的破坏类型 …………………………………… 41

5.2.3 磨机中钢球的破碎行为研究 ……………………… 42

5.3 球径与破碎概率的关系研究 …………………………… 43

5.3.1 单一球径组与破碎概率的关系研究 ……………… 43

5.3.2 混合球径组与破碎概率的关系研究 ……………… 47

5.4 破碎统计力学原理在确定球荷特性中应用的判据 …… 49

5.4.1 破碎事件量的大小是衡量破碎效率高低的主要判据 … 49

5.4.2 破碎事件量最高的球荷特性是球磨机的最佳球荷特性 … 49

5.4.3 有效磨碎的多少是确定最佳球荷特性的重要判据 … 50

5.4.4 破碎事件量最高是初装球及补球计算的依据 …… 50

5.5 本章小结 ………………………………………………… 50

6 球荷的转移概率研究 ……………………………………… 52

6.1 钢球的磨损现状 ………………………………………… 52

6.1.1 塑变磨损 …………………………………………… 53

6.1.2 切削磨损 …………………………………………… 53

　　6.1.3　疲劳磨损 ……………………………………………………… 53
　　6.1.4　腐蚀磨损 ……………………………………………………… 53
　6.2　影响钢球磨损的因素 ………………………………………………… 54
　　6.2.1　磨机的影响 ……………………………………………………… 54
　　6.2.2　矿浆的影响 ……………………………………………………… 55
　　6.2.3　磨料的影响 ……………………………………………………… 56
　　6.2.4　磨球材料的影响 ………………………………………………… 57
　　6.2.5　其他影响因素 …………………………………………………… 58
　6.3　磨球的磨损规律 ……………………………………………………… 59
　　6.3.1　戴维斯磨损数学模型 …………………………………………… 60
　　6.3.2　梅尔谢利（Мертселъ）表面积磨损数学模型 ………………… 60
　　6.3.3　邦德钢球磨损数学模型 ………………………………………… 60
　　6.3.4　Menacho 和 Concha 钢球磨损数学模型 ……………………… 61
　　6.3.5　钢球磨损规律的指数数学模型 ………………………………… 62
　　6.3.6　磨矿介质总体磨损规律数学模型 ……………………………… 62
　6.4　球荷的转移概率研究 ………………………………………………… 65
　　6.4.1　马尔可夫链与转移概率 ………………………………………… 65
　　6.4.2　钢球磨损的转移概率研究 ……………………………………… 66
　　6.4.3　利用钢球的转移概率计算补球参数 …………………………… 68
　6.5　本章小结 ……………………………………………………………… 69

7　破碎统计力学原理及转移概率在金平镍矿中的应用研究 ………… 70
　7.1　金平镍矿简介 ………………………………………………………… 70
　7.2　实验室试验研究 ……………………………………………………… 70
　　7.2.1　研究方法 ………………………………………………………… 70
　　7.2.2　研究结果 ………………………………………………………… 71
　　7.2.3　3 种装球制度下磨矿产品的单体解离度研究 ………………… 71
　　7.2.4　3 种装球制度下对浮选指标的影响研究 ……………………… 72
　7.3　工业磨机初装球制度研究 …………………………………………… 73
　　7.3.1　选厂磨矿循环各产品粒度组成特性研究 ……………………… 73
　　7.3.2　选厂磨矿作业装球制度现状 …………………………………… 75
　　7.3.3　待磨物料粒度组成特性研究 …………………………………… 76
　　7.3.4　磨机初装球制度的确定研究 …………………………………… 76
　7.4　初装球制度下的磨矿效果 …………………………………………… 80
　　7.4.1　新装球制度对磨矿产品解离度的影响 ………………………… 80
　　7.4.2　新装球制度对磨矿产品细度的影响 …………………………… 81

　　7.4.3　新装球制度对磨机生产能力和磨矿及分级效率的影响 ………… 82

　　7.4.4　新装球制度对选别指标的影响 ……… 83

　7.5　球荷的转移概率研究 ……… 84

　　7.5.1　选厂补球制度的现状 ……… 84

　　7.5.2　球荷的转移概率和补球参数计算 ……… 84

　7.6　补球制度下的磨损效果 ……… 85

　7.7　本章小结 ……… 86

8　研究结论及有待继续研究的问题 ……… 87

　8.1　研究结论 ……… 87

　8.2　有待继续研究的问题 ……… 88

9　破碎统计力学原理及转移概率在梅山铁矿中的应用研究 ……… 89

　9.1　梅山铁矿矿石性质 ……… 89

　　9.1.1　矿石物理性质 ……… 89

　　9.1.2　矿石化学性质 ……… 89

　9.2　梅山铁矿磨矿-分级工艺现状 ……… 90

　　9.2.1　现有磨矿工艺流程 ……… 90

　　9.2.2　磨矿工艺流程考察及其存在的问题 ……… 91

　9.3　球径半理论公式的计算 ……… 94

　　9.3.1　矿石力学性质测定 ……… 95

　　9.3.2　磨机钢球球径计算 ……… 99

　9.4　破碎统计力学原理及转移概率的应用 ……… 102

　　9.4.1　利用破碎统计力学原理确定装补球大小 ……… 102

　　9.4.2　利用转移概率确定装补球大小 ……… 105

　9.5　磨矿工艺过程优化工业实践 ……… 107

　　9.5.1　一段球磨工艺优化工业试验方案 ……… 107

　　9.5.2　二段球磨工艺优化工业试验方案 ……… 107

　　9.5.3　工业试验结果与分析 ……… 108

　9.6　工业试验结论 ……… 114

参考文献 ……… 116

后记 ……… 118

1 球磨作业在矿物加工过程中的地位和作用

1.1 球磨作业在矿物加工过程中的地位

球磨作业广泛应用于冶金、化工、建材、陶瓷、医药等领域，特别是在矿物加工工程中的应用更是占有重要地位。这是因为自然界矿石中的矿物，除少数有用矿物已单体解离的砂矿和部分高品位富矿可以直接利用外，大多数矿石中的有用矿物和脉石矿物常常紧密连生在一起，须进一步通过加工处理后才能加以利用。而将有用矿物和脉石矿物充分解离并达到适合选别的粒度，通常又是靠球磨作业来完成的。

磨矿作业的动力消耗和金属消耗很大。通常，电耗为 6~30kW·h/t，约占选厂电耗的 30%~75%，有些厂高达 85%。磨矿介质和衬板消耗达 0.4~3.0kg/t。磨矿作业的基建投资、维修费用也很高。因此，磨矿作业设计和操作的好坏，不仅影响整个选厂的技术指标，而且直接影响选矿厂的经济效益。所以，通过改进磨矿工艺（如减少入磨粒度、调节磨机转速、合理装补球、使用耐磨介质和衬板、提高磨机的选择性磨碎等）来提高球磨作业的效率及改善产品特性，对降低选矿成本和提高选别指标具有重大现实意义。

作为物料准备的最后一道工序，磨矿作业的好坏将直接影响到后续选别作业选矿指标的好坏和选厂的经济效益，其作用不可低估。

1.2 球磨作业在矿物加工过程中的作用

球磨作业在矿物加工过程中是必不可少的一个关键作业。关于入选前磨矿的作用，世界著名学者 A·F·塔加尔特早就指出："磨矿的功用和目的依其所磨原料不同而异。在选矿厂主要的任务是将矿物原料粉碎，以使有用矿物大部分得以从脉石中解离出来，并在许多情况下使两种矿物分离开来；其次一个任务是将单体的有用矿物依其粒度的必要缩小程度，将粒度减小，以使它们在下一个选矿过程中得以有不同的性态表现"。由此可以看出，磨矿的首要任务是解离有用矿物，其次是为选别提供合适的粒度。换句话说，在矿物加工领域中的球磨作业，绝大部分都是解离性磨矿。因此，人们通常用解离度的大小来衡量球磨作业的好坏。国内外许多学者对此还提出了矿物解离数学模型，都试图从数学上来定性描述和评价磨矿的解离状况，从而来优化磨机作业。第一次给出解离模型的是 A·M·高丁（Gaudin）模型，该模型考虑了由两种矿物组成的物料的破碎过程，但对于矿物的嵌镶关系过分简化，仅把物料看作等体积的立方体；R. L. Wiegel 于 1964 年改进了 Gaudin 模型，使它应用于随机分布的矿物颗粒；R. P. King 于 1979 年提出了著名的金（King）氏模型，表达式为

$$L_{\mathrm{m}}(D) = \frac{1 - D}{(2\mu m + D)\left[1 - \exp\left(\dfrac{2\mu m + D}{\mu m}\right)\right]} \tag{1-1}$$

式中，$L_{\mathrm{m}}(D)$ 为在级别 D 中矿物 m 的解离度；D 为筛析间隔 μm 的算术平均值；μm 为未粉碎矿石中矿物 m 的交叉长度 μm 的平均值。

此表达式可以根据一个参数（矿物的平均交叉长度）来预测某矿物的部分解离度。洛伦芩（Lorenzen）和图米尔蒂（Tumity）于 1992 年在金氏模型的基础上，利用诊断性浸出设计来预测贵金属金的解离状况；彼得鲁克（Petruk）模型则是一种经验模型，用于预测矿石的最小磨矿深度和最佳磨矿粒度，并能估计总的表观解离度，通过使磨矿粒度调节在某一深度便有可能使矿物达到这样的解离度；朴在九（日）则提出在原料特性中以粒径为主要因素的粉碎——单体解离模型。该模型指出，部分单体解离度，随着粉碎产物粒度的减小而增加，但增加的比例在平均粒径（由矿物粒径分布方程式求得）的附近增加最大。我国的贾培祥从应用概率论出发，推导出分布函数——解离金属分布模型（$R = R_0 e^{-bx^k}$），较准确地描述了目的矿物的解离分布情况。

由于球磨作业的能耗较高，材料消耗也高，应尽量避免不必要的磨碎，特别要避免发生严重的过粉碎。过粉碎的危害是：造成有价矿物的损失多，精矿品位和回收率都差，机器的磨损增大，设备的处理能力降低，破碎矿石的无益功率消耗增多，还浪费浮选药剂。因此，过粉碎的产生是无利多弊的，在磨矿作业中应该尽量减少。目前已有不少人指出，应该针对不同的矿石性质，采用不同的磨矿工艺，并认为现代矿石准备流程的主要发展趋势应在磨矿过程中增加矿物解离的选择性，以争取在最小能耗下获得最大的矿物选择性解离。

所以，在球磨作业中，提高矿物解离的选择性使单体解离度高，减轻过粉碎粒级含量，使产品粒度均匀，保证入选产品有高的解离度和低的过粉碎，从而提高选别作业的技术指标。这就是磨矿作业的基本要求。

1.3 球磨作业在矿物加工过程中的作用

自然界的绝大部分矿石中的有用矿物和脉石矿物紧密共生，不能直接利用，必须经过矿物加工工程富集到一定程度才能加以利用。磨矿作业肩负着有用矿物和脉石矿物的充分解离任务，在未来很长一段时间里仍将存在并发挥着至关重要的作用。

因此，如何充分发挥磨矿作业的作用，在最小的能耗下获得最佳矿物解离和入选前的均匀粒度及轻的过粉碎，是许多矿物加工工作者一直在努力的方向。这对解决选厂的实际问题，降耗增效，其科研意义及经济意义是十分明显的。

1.4 钢球在磨矿过程中的作用

前面已经指出，球磨作业是为后续作业提供适合的粒度。无需论证，一台静置的磨机是完不成磨矿作用的，只有运动的磨机才能产生磨矿作用，因为运动的磨机中装有运动的介质，运动着的磨机借助于运动的磨矿介质如钢棒、钢球或砾石，甚至是矿石本身（即自磨机）来完成磨矿作用。自磨曾在 20 世纪 50~60 年代流行一时，后在实际运用时发现有其局限性，而且与球磨相比，其经济效益赶不上后者，除非采用直径 8m 以上的大型自磨机才能使自磨有优势。现在选厂广泛使用的磨机仍然是棒磨机和球磨机。前者常用于一段磨，后者既用于粗磨，也用于细磨，是目前应用最广泛的磨机。

在球磨作业过程中，钢球既是磨矿作用的实施体，又是能量的传递体。它决定着矿石的破碎行为能否发生及怎样发生，也影响着磨机生产能力的大小，磨矿产品质量（包括磨矿产品的粒度特性、单体解离特性等）的好坏及磨矿过程中钢耗和能耗的高低等。

首先，钢球在磨矿过程中起着能量媒介作用，决定破碎行为的发生。磨矿是一个粒度减小和比表面积增大的过程。根据热力学原理，表面积增大是内能增大的过程，是不能自发发生的，要靠外界对矿石做功才能实现。也就是说，磨矿过程是一个功能相互转换过程，即磨机对矿石做功，使矿石内能增加发生变形，而变形达到极限则发生碎裂现象。矿石破碎时，矿石所接受的一部分能量转化为矿粒的新生表面能，绝大部分能量则以热、声等能量形式损失在介质空间。而磨机要对矿石做功及使矿石获得能量正是通过能量媒介体——破碎介质来实现的，因此破碎介质（即钢球）起着能量传递的作用。若钢球传递的能量不足，矿石只能发生变形，破碎力消失后矿石恢复原状，破碎行为不能发生。因此，钢球决定着破碎行为的发生。

其次，钢球作为破碎行为的实施体，决定着磨矿产品的质量。矿石是由多种矿物组成的集合体，矿物晶体及晶体之间的结合力的不同，决定了矿石性质的不均匀性。据美国国家矿业局的测定，晶面上的结合力只有晶体内结合力的 75%，而不同矿物晶体界面上的结合力又比同种矿物晶体晶面上的结合力更弱。因此，矿石性质的不均匀性，也决定着矿石受到外力时碎裂方式的不同。从现代破碎力学的观点看，矿石的破碎是由于自身的能量密度达到一定极限时出现的，而且矿石的破碎方式也与破碎能量的大小有关，即钢球对矿石的破碎力并不是越大越好，而应该在精确的破碎力作用下使碎裂沿着各矿物之间的晶体界面解离，以实现磨矿的主要目的。钢球尺寸过大，破碎力则大，矿粒沿能量最大的方向发生破裂，而不是沿矿物之间的晶界面发生，破碎行为毫无选择性。同时，过大的破碎力也易使矿物产生过度粉碎，造成选矿回收率降低。这种破碎方式显然不是选矿中的磨矿所要求的；钢球尺寸过小，破碎力不足，则不能使破碎行为发生，已作用的破碎能量将在矿石的弹性恢复中消失，只有在打击力的多次作用下，矿石达到疲劳极限时，才可能产生破碎行为。这种破碎方式必然导致磨矿效果差及能量消耗大；只有在破碎力适中的情况下，破碎行为沿结合力最弱的矿物晶界面之间发生，实现矿物之间的有效分离，这种磨矿产品正是选矿所需要的，而适中的破碎力正是由钢球尺寸的精确性来决定的。总之，钢球影响着磨矿产品的质量。

另外，钢球还影响着磨矿生产能力及钢耗、能耗的高低。对固定装球量而言，球径大则个数少，每次磨矿循环时对矿粒的打击次数少，球荷总的研磨面积亦减少，矿粒受到的打击及磨剥的机会减少，磨矿产品中磨不细的级别产率必然增大，磨机的生产能力下降，同时，球径大则破碎力相应增大，产品中过粉碎级别多，磨矿效果恶化；球径过小，虽然每次循环对矿粒的打击次数增加，但由于钢球能量小，打击力不足，仍不能有效破碎矿粒，而磨不细级别也会增多。而由于球径小所引起的研磨面积的大幅度增加，必然导致过粉碎级别增多及磨矿效果的恶化。选厂试验结果证明，磨机球径靠近磨矿所需最佳球径时，对磨矿影响不大，但磨矿介质尺寸一旦偏离某个范围，磨矿效果则急剧恶化。所以球径过大或过小，都会导致磨矿产品中过粗及过细级别的增加，产品粒度不均匀，磨机的生产能力低，对选别作业不利。因此，只有当钢球尺寸恰当时，才能最有效地破碎矿粒，取得好的磨矿效果。

钢球尺寸过大或过小，除了对磨矿技术效果不利外，还有其他缺点。钢球尺寸过大，破碎力大，容易引起钢球非正常损耗的上升。对攀钢集团密地选矿厂的磨机清球结果表明：采用最大球径 $\phi125mm$ 的磨机碎球率明显高于最大球径 $\phi100mm$ 的磨机碎球率。塔加尔特主编的《选矿手册》早就指出，大钢球的磨损量大，小钢球的磨损量小。这与戴维斯的钢球磨损理论是一致的。长沙矿冶院在齐大山及昆明理工大学在云锡期北山所做的小钢球工业试验，均证明小钢球的单耗要比大钢球降低 20% 以上。加拿大的魁北克卡捷（Cortier）矿山公司采用的降低钢球尺寸的试验也表明，用较小尺寸钢球所获得磨矿效率提高了 9%。加拿大的另一家布伦斯维克（Brunswick）矿业部在马西（Marcy）半工业厂球磨进行的试验也表明：在浮选给料 75%-38μm（400 目）的情况下，证明了 25mm 介质球比 29mm 介质球提供了更高的磨矿效率。生产实践还证明，磨矿中的能耗往往和钢耗成正比，钢耗高时，能耗也高，一般耗球为 $0.035 \sim 0.175kg/(kW \cdot h)$，大球径钢球的单位能耗高于小球径钢球的单位能耗。

2 国内外球磨作业的装补球制度研究现状

2.1 钢球尺寸的选择综述

2.1.1 影响钢球尺寸的因素

球磨作业是靠钢球磨矿作用来完成的，即靠钢球对矿粒的冲击和磨剥来完成对矿粒的破碎作用。在第 1 章已详细介绍钢球在磨矿过程中的作用，指出钢球作为能量的媒介体肩负着将外界输入的能量转变为矿粒的破碎功而对矿粒实施破碎；还指出，钢球尺寸的大小决定着钢球携带能量的多少，即破碎力的大小，最终决定着破碎行为能否发生以及怎样发生的问题，也就是决定着磨矿产品的质量问题；同时，钢球尺寸的大小还影响着磨矿钢耗和能耗的高低。因此，钢球尺寸是一个牵动磨矿全盘的关键因素，研究这个因素对改善磨矿过程至关重要。

影响钢球尺寸的因素很多，达十几种。从影响破碎过程的因素来看，可将影响钢球尺寸的因素分为两大类：一类是破碎对象的因素；另一类是破碎动力的因素。

破碎对象的因素包括岩矿的机械强度 $\sigma_{压}$（常用矿石普氏硬度系数 f 来表征）和矿块或矿粒的几何尺寸（即磨机给矿粒度 $d_{给}$）。矿块或矿粒的机械强度越大，破碎时需要的破碎力也越大，自然需要大的钢球尺寸。当 $d_{给}$ 相同时，机械强度大的矿块需要的钢球尺寸比机械强度小的需要的钢球尺寸大。当岩矿的机械强度一定时，较大的矿块需要较大的钢球尺寸。但应注意，矿块或矿粒的机械强度随其几何尺寸的减少而增大。故确定矿块或矿粒抗破碎性能时，应同时考虑机械强度 $\sigma_{压}$ 或 f，以及矿块或矿粒的几何尺寸 $d_{给}$ 等因素。

影响破碎力的因素很多，如钢球充填率 φ、钢球的密度 ρ、钢球的有效密度 ρ_e、磨机直径 D、磨机转速率 ψ、磨矿浓度 R、磨机的衬板形状和结构等。

磨机转速率 ψ 和钢球充填率 φ 两者组合而决定磨机钢球的运动状态和能态。磨机衬板除保护筒体的功能外，也影响筒壁对球荷的摩擦系数，进而影响钢球的运动状态。球的密度影响球的质量 m，也就影响球携带的能量的大小，即影响球的打击力的大小。尺寸相同时，密度大的球打击力大，生产率高，而密度小的球打击力小，生产率低。磨机生产率随钢球密度增大而几乎呈直线增加。过去曾做过碳化钨球的研制和试验，该种球的密度高达 $13.1\mathrm{g/cm^3}$，为锻钢球的 1.68 倍，而磨机生产率比用锻钢球高 90%。但应注意到，绝大部分球磨作业均是湿式磨矿，球是落入矿浆内，矿浆对球有阻力，或者说球在矿浆中受到矿浆的浮力作用，真正起作用的应该是球的有效密度 ρ_e，即扣除矿浆密度后的密度。

磨机的内径 D 主要影响钢球上升的绝对高度，进而影响钢球的位能和打击力的大小。大规格磨机中钢球上升的高度大，则球的位能大，落下或滚下时的打击力也大，甚至大磨机中小的钢球位能可以弥补球径的不足。而小规格磨机则相反，在破碎相同尺寸的矿粒时需要较大尺寸的钢球。国外的磨机规格一般比国内的大，转速率也低，采用的钢球尺寸也比国内的小，这一现象无不与磨机直径有关。

矿浆浓度 R 对磨矿的影响是复杂的。一般来说，矿浆浓度大时对钢球的缓冲作用大，削弱钢球的打击力，对磨矿不利；但是，浓度大时矿粒易黏附在钢球和衬板表面，对矿粒的破碎又是有利的。同样，矿浆浓度小时对钢球的缓冲作用小，但又不利于矿粒对钢球和衬板表面的黏附。因此，矿浆浓度应根据矿石性质而定，适宜的矿浆浓度须通过试验确定。

2.1.2　确定钢球尺寸的方法

由于影响磨矿的因素至少在 10 个以上，因此，确定钢球尺寸大小的方法，可视磨矿影响因素分为以下四类。

2.1.2.1　只考虑一个影响因素的公式

早先，选矿工作者认为钢球直径主要和磨机给矿的粒度大小有关，块度大时需要大尺寸钢球，块度小时只需小尺寸钢球，从而认为钢球直径与给矿块度成正比，即

$$D_b = k d_f \quad (\text{mm}) \tag{2-1}$$

式中　D_b——所需球径，mm；

d_f——磨机给矿粒度，mm，若不指明，均为 95% 过筛粒度。

但对 50 多台磨机的统计资料表明，这个比例系数的范围为 2.5~130，这么大的比例范围，计算出的结果误差太大，工程上根本无法接受，没有应用价值。

2.1.2.2　考虑两个因素的公式

此类公式比上一类公式有所进步，除考虑磨机给矿粒度外，又把其他未考虑的某些因素综合为一个因素，用指数 n 来反映其影响，即

$$D_b = k d_{给}^n \quad (\text{mm}) \tag{2-2}$$

此类公式较多，常用的有如下几种：

（1）K·A·拉苏莫夫公式。1948 年，K·A·拉苏莫夫提出了球径与给矿粒

度的关系式：

$$D_b = id_f^n \quad （mm） \tag{2-3}$$

式中　i——球径系数；

　　　n——矿料性质参数。

K·A·拉苏莫夫针对中硬矿石，在一些实际资料的基础上，求得计算球径的简便公式：

$$D_b = 28d_f^{1/2} \quad （mm） \tag{2-4}$$

对云锡公司老尾矿物料，段希祥教授根据 K·A·拉苏莫夫公式推导出细磨下球径与矿石粒度的关系式：

$$D_b = 30.16d_f^{0.6375} \quad （mm） \tag{2-5}$$

（2）戴维斯（Davis）、斯塔劳柯提出的球径计算公式：

$$D_b = kd_f^{1/2} \quad （mm） \tag{2-6}$$

式中　d_f——80%过筛最大粒度；

　　　k——经验修正系数，根据不同硬度的矿石取不同的值，对硬矿石，戴维斯取 $k=35$，斯塔劳柯取 $k=23$；对软矿石，前者取 $k=30$，后者取 $k=13$。

（3）美国 A.C. 公司的高级工程师 F·C·邦德提出的球径计算的简便公式：

$$D_b = d_f^{1/2}（in） = 25.4d_f^{1/2} \quad （mm） \tag{2-7}$$

我国也有人采用优先数选择处理的办法，并依据拉苏莫夫球径经验公式求解推导后提出如下经验公式：

$$D_b = 25.5d_f^{1/2} \quad （mm） \tag{2-8}$$

此类公式，除考虑两个因素外，其他未考虑的因素引入比例系数，故计算结果比前一类准确。但仍然有偏大偏小的情况，这与经验取值（主要是比例系数）的准确有很大关系。因此，此类公式计算结果也有很大误差。相比而言，邦德简便公式和拉苏莫夫公式的计算结果较准确一些，但后者的 i、n 试验较为麻烦。

2.1.2.3　考虑三个因素的公式

V·A·奥列夫斯基认为，除了给矿粒度外，还应考虑产品粒度 d_k 因素，同时把未考虑的因素引入比例系数，其公式为：

$$D_b = 6（\lg d_k）d_f^{1/2} \quad （mm） \tag{2-9}$$

式中，d_k 为磨矿的产品粒度，μm。

可能是经验取值过小，该公式的计算结果偏小，粗磨及细磨下均偏小，实际工作中也很少用。

2.1.2.4　考虑多个因素的公式

在欧美国家，普遍采用 Allis-Chalmers 公式和 Re. Xnord 公司的球径公式。

（1）Allis-Chalmers 公司的球径计算公式（邦德于 1958 年提出）：

$$D_b = \left(\frac{F_d}{K_m}\right)^{\frac{1}{2}} \left(\frac{S_s W_i}{C_s \sqrt{D}}\right)^{\frac{1}{3}} \quad (\text{in}) \tag{2-10}$$

（2）D. J. Dunn 在 Azzarroni（1981）方程的基础上，提出了如下球径公式：

$$D_b = \frac{K_a G_{80}^{1/3.5} W_i^{1/2.5}}{N D_m^{1/4}} \quad (\text{mm}) \tag{2-11}$$

式中　　D_m——磨机内径，m；

　　　　N——磨机转速，r/min；

　　　　K_a——比例系数，取 $K_a = 6.3$。

（3）Re. Xnord 公司的球径公式：

$$D_b = \left(\frac{F_d W_i}{C_s K_m} \frac{S_s^{1/2}}{D^{1/4}}\right)^{1/2} \quad (\text{in}) \tag{2-12}$$

式中　　F_d——80% 过筛粒度，μm；

　　　　S_s——矿石密度，t/m^3；

　　　　W_i——待磨矿石功指数，$kW \cdot h/t$（短），式（2-11）中为 $kW \cdot h/t$；

　　　　D——磨机内径，ft（1ft = 12in = 30.48cm）；

　　　　C_s——磨机转速率，%；

　　　　K_m——修正系数，根据磨机类型取值。

　　上述经验公式均考虑了磨矿中影响钢球尺寸的 5 个重要因素（即给矿粒度、矿石机械强度、矿石密度、磨机直径及磨机转速），并对未考虑的因素用经验系数进行修正。因此，比前几类的经验公式要全面些，计算的结果也较准确，在欧美国家得到广泛应用。

　　但也应看到，这几个经验公式也存在一些不足。它们以功指数来表征岩矿的机械强度，但对大多数矿石而言，岩矿的机械强度与功指数成正比，而有些矿石则不然，如云母、滑石、页岩及煤等，它们的强度不高，磨成片状很容易，但磨细却非常困难，或者因矿粒不易啮住，不易磨细，因而磨细它们功耗非常大，致使这类矿物测出的功指数比最硬的矿物也高出若干倍。在此情况下，用公式计算出的球径必然造成很大的误差。而对于我国国情来说，因功指数测定较麻烦，多数厂矿只有矿石的普氏硬度系数而无功指数资料，且我国习惯以 95% 过筛计算最大粒度，而欧美则以 80% 计算，技术习惯不同，使得这几个公式在我国实际应用不方便。因此，考虑我国的技术习惯，并结合具体情况，段希祥教授用破碎力学原理推导出如下的半理论公式（简称段氏半理论公式）：

$$D_b = K_c \frac{0.5224}{\psi^2 - \psi^6} \sqrt[3]{\frac{\sigma_{\text{压}}}{10 \rho_e D_0}} d_f \quad (\text{cm}) \tag{2-13}$$

式中　ψ——磨机转速率,%;

　　　$\sigma_{压}$——矿石的抗压极限强度,kgf/cm^2;

　　　ρ_e——钢球的有效密度,g/cm^3,$\rho_e = \rho_s - \rho_n$,ρ_s为钢球密度,g/cm^3,ρ_n为矿浆密度,g/cm^3;

　　　D_0——球荷"中间缩集层"直径,cm,

$$D_0 = 2R_0, \quad R_0 = \sqrt{\frac{R_1^2 + R_2^2}{2}} = \sqrt{\frac{R_1^2 + (KR_1)^2}{2}}$$

　　　R_1,R_2——分别为磨机内最外层和最内层半径;

　　　K——$K = R_2/R_1$,K与转速率及充填率有关;

　　　d_f——95%过筛最大粒度,cm;

　　　K_c——其他影响因素的综合修正系数,其值因给矿粒度粗细不同而异。

式（2-13）是在给定磨机工作条件下计算所需的球径公式,可以看出:

（1）公式所需的各个参数值均是在设计及生产中能方便给出的,有利于球径的计算。

（2）公式力学意义清楚,给矿粒度粗及矿石机械强度大时,需要大的球径,磨机直径大及介质密度大时,需要小的球径,与实际情况相一致。

（3）除考虑给矿粒度、矿石强度、磨机转速、磨机装球、磨机直径及介质密度等与破碎过程密切相关的6个重要因素外,还用综合修正系数概括矿石力学性质的不均匀性、粒度及磨矿过程控制因素等对磨矿的影响,考虑比较全面,而且修正系数随破碎粒度的变化而变化,符合磨矿过程的实际情况。

（4）在多家选厂的应用实践证明,该公式用于细磨时,误差极小,但用于粗磨过程仍需修正使用。

2.2　国外球磨作业的装补球制度的研究现状

球磨作业的完成靠钢球来实现,钢球尺寸的大小将会直接影响到磨矿产品质量。因此,在工业生产中应根据矿石性质、给料及磨矿产品粒度特性以及其他工作条件来决定磨机的合理装补球制度（包括钢球充填率的大小、钢球尺寸的大小、钢球配比及合理补给等）。从上一节中决定钢球尺寸的方法来看,在相同的给矿粒度下,选择公式不同,计算的钢球尺寸大小不一,这必然导致装补球制度各异,在国外是如此,在国内也是如此。表2-1列出了国外部分选矿厂球磨机补加钢球的最大球径。

表 2-1　国外部分选矿厂球磨机补加钢球的最大球径

选矿厂名称	球磨机规格 $D \times L$ /m×m	矿石种类	给矿粒度/mm	最大球径[①]/mm
鹰桥选矿厂	3.2×3.65	铜镍矿石	11~0	100

选矿厂名称	球磨机规格 $D×L$ /m×m	矿石种类	给矿粒度/mm	最大球径[①]/mm
斯特拉斯康纳选厂	4.1×5.49	铜镍矿石	11~0	100
诺里利斯克选厂	3.2×3.1	铜镍矿石	25~0	100
兰米尔选矿厂	3.05×3.96	铜镍矿石	8~0	100
朗摩尔选矿厂	3.05×3.96	镍矿石	8~0	90
马得林矿山公司	2.44×3.66	铜矿石	12.7~0	75
哲兹卡兹干选矿厂	3.2×3.1	铜矿石	20~0	100
布干维尔选矿厂	5.5×7.3	铜矿石	13~0	75
威罗依选矿厂	3.23×3.66	铜铅锌矿石	25~0	75
巴肯斯选矿厂	2.44×1.83	铜铅锌矿石	16~0	75
艾萨选矿厂	2.14×2.74	银铅锌矿石	9.5	100
凯洛格铅锌选厂	直径 3.2	铅锌矿石	25~0	100
腊梅斯贝克选矿厂	1.8×3.0	铜铅锌矿石	15~0	100
南越选矿厂	1.8×0.75	铜铅锌矿石	10~0	100
锌有限公司选矿厂	2.44×1.83	铅锌矿石	5~0	50
兰波选矿厂	2.7×2.1	铜铅锌矿石	18~0	75
诺里利斯克选矿厂	3.2×3.8	铜钼矿石	16~0	100
诺兰达矿业有限公司	3.36×4.58	钼矿石	9.5~0	100
千岁选矿厂	2.44×1.22	金银矿石	10~0	75
坎贝尔矿业有限公司	2.14×3.66	金矿石	6.4~0	100
埃乔贝矿业有限公司	2.14×3.66	银铜矿石	9.5~0	90
季安特·耶洛奈矿业公司	2.44×3.05	金矿石	9.5~0	75
帕莫尔·波丘潘矿业有限公司舒马赫分公司	1.53×4.88	金铜多金属矿石	5~0	64
帕莫尔 1 号选矿厂	2.75×3.05	金银	8~0	100
列宁诺格尔斯克选矿厂	2.7×3.6	多金属矿石	20~0	100
德海姆矿业与资源联合公司	2.14×3.36	锑矿石	16~0	100

① 欧美国家以英寸（in）为计量单位，表中为折算值并稍加修改，以接近我国的技术习惯。如 4in 钢球为 101.6mm，表中取 100mm。

　　由表 2-1 中数据可以看出，国外球磨作业的最大球径一般为 4in，约 100mm，有些厂的最大球径仅 3in（76mm）。而且大多数选厂只补加很少比例的大球，用于破碎粗粒或难磨矿粒，大量补加小球径钢球，使研磨面积大幅度增加。如鹰桥选厂，除补加 100mm（4in）大球外，大量补加 75mm（2.5in）及 47mm

（1.5in）小球；艾萨选矿厂则大量补加 75mm（2.5in）球，补加的 100mm（4in）大球仅占 2.5in 球的 20% 左右，这样，磨机中的球荷平均粒度为 75~80mm。这种结果使粗磨矿在破碎力足够的基础上，充分发挥了因球径变小、球个数增多所导致的破碎概率上升的优势，同时避免了球径过大、破碎力太大而引起的过粉碎及磨不细级别加剧的缺点，使球磨作业的磨矿效率更高，产品粒度分布更合理。

近年来，国外装补球制度的研究主要体现在以下几个方面。

2.2.1 磨机大型化研究

磨机直径越大，所装的钢球就越少。大直径磨机中钢球的位能较大，可以弥补球径的不足。因此国外绝大部分厂矿的球径都比较小，很少超过 100mm 以上的。这已为生产实践所证实。当前，国外厂矿的磨机直径大多已达 4~6m，如 Hydralift Scanmee 设计的 9.65m×6.5m 大型磨机，自 1980 年投入生产后，连续工作 13 年，与传统的小磨机相比，磨矿费用减少 30%。据报道，澳大利亚投产的自磨、半自磨机，直径均在 9m 以上，世界上最大的自磨机直径已达13.4m。

2.2.2 补加球的合理化研究

以前选矿厂在补球时为图方便省事，常常只补加一种大球，造成磨机内球荷平均粒度增大，磨矿细度不够等缺点。意识到这一问题的严重性，国外厂矿在加球时也趋向合理化加球。如巴布亚新几内亚布干维尔铜矿公司利用 9 台 5.5m×6.4m 及 2 台 5.5m×7.3m 大直径溢流型磨机，将−12.5mm 给矿磨至 17%~19%+300μm，磨机补加 ϕ80mm 和 ϕ50mm 钢球各占一半；金阳光公司用 4.6m×6.1m 磨机，将金矿磨至 35%+150μm，ϕ50mm 及 ϕ64mm 钢球按 1:1 比例添加。美国田纳西州的马戈托克斯（Magotteaux）公司研究开发的球磨机自动添加系统（automatic ball charging，ABC）有助于改善磨矿过程和提高效益。这种自动加球机采用球径为 12.7~127mm 的混合球，每一次加球量较小，通常为 100kg，而不是平时手工系统加比较多的磨球（1000~10000kg）。和以前根据磨损率的历史数据来控制加球量不同的是，马戈托克斯公司开发的自动加球设备是在动态的磨球损耗率的基础上控制加球量，即通过持续不断地监控球磨机的转动功率、进料率和磨球的损耗，该系统计算出适当的磨球添加率，以保证最大限度利用球磨机的动力，由此通过功率控制，优化磨选效率，减少人为因素，并实时调校与球磨机给料腐蚀性有关的磨球损耗率。

该自动加球机（ABC）已在智利的 El Teniente 铜矿和美国钢铁公司的 Minmtac 铁矿得到了应用。应用结果表明，装有自动加球机的球磨机的磨球损耗率确实降低了不少（维持细度不变）。两选厂生产作业数据分别见表 2-2、表 2-3。

表 2-2　El Teniente-Colon 选厂作业数据

生产线	转动功率/kW	给料率/t·h^{-1}	磨球损耗/g·t^{-1}	细度（<150μm）/%	功率/kW·h·t^{-1}
7	2122	172.3	484	76.46	12.32
2~6	2084	170.2	532	76.48	12.25

注：其中第 7 生产线安装了 ABC。

表 2-3　Minmtac 铁矿选厂作业数据

生产线	转动功率/kW	给料率/t·h^{-1}	磨球损耗/g·t^{-1}
17	1886	460	12.32
13~18	1929	440	0.230[①]

注：17 为加球生产线，13~18 为没有加球生产线。

① 仅为第 13、16、18 生产线的磨球损耗。

2.2.3　介质运动规律及矿物解离度研究

利用照相机、摄像机等记录球磨机中球的运动，并通过离散元方式分析球的运动规律，然后再通过试验验证。这一方法可较好地预测球的冲击力、速度、磨损及能量消耗等，且与工业试验结果相吻合。通过磨机转速、处理量及球径等不同磨矿条件的闪锌矿的单体解离度测试结果，确定矿物解离的最佳条件。还有用简单的磨矿模型计算破裂速度并用影像分析技术来分析矿物的解离，建立解离模型。加拿大科明科研究院还研究出一种可以快速确定特定矿物解离度的新方法。

2.3　国内球磨作业的装补球制度的研究现状

我国的选矿技术受前苏联的影响，在磨矿作业中主要以球磨为主，只有少数厂矿如包钢、赣南钨矿、大姚铜矿及云锡公司，为保护钨、锡、锑、钼等性脆易碎的矿物的粗磨而采用棒磨外，大多数厂矿都是采用球磨。不管是粗磨还是细磨，这或许都是技术习惯的原因。表 2-4 列出了我国一些大中型选矿厂球磨作业补加钢球的最大球径。与国外选矿厂球磨作业所用钢球的最大球径比较，可以发现：在球磨机规格及给矿粒度水平基本一致的情况下，我国球磨作业所用钢球尺寸明显比国外大得多，约偏大 20% 以上。加之我国球磨作业的补加球制度不合理，常以补加一种大球为主，导致球磨作业所用钢球远大于国外钢球尺寸，从而恶化了磨矿过程。

表 2-4 我国部分选矿厂粗磨机补加钢球的最大球径

矿石类型及选矿厂名称	球磨机规格 $D \times L /$ m×m	矿石硬度 f	给矿粒度/mm	最大球径/mm
铁矿石				
东鞍山选矿厂	3.2×3.1	12~18	12~0	127
大孤山选矿厂	2.7×2.1	12~16	12~0	127
弓长岭选矿厂	2.7×3.6	12~18	12~0	127
齐大山选矿厂	2.7×3.6	12~16	20~0	125
南芬选矿厂	2.7×3.6	10~12	15~0	120
水厂铁矿选矿厂	2.7×3.6	12~14	15~0	125
大石选矿厂	2.7×3.6	12~14	12~0	127
大冶铁矿选矿厂	3.2×3.1	12~16	25~0	125
程潮铁矿选矿厂	2.7×3.6	8~10	13~0	100
攀钢密地选矿厂	3.6×4.0	14~16	25~0	125
铜矿石				
德兴四洲选矿厂	3.2×3.1	5~7	20~0	100
铜陵狮子山选矿厂	3.2×3.1	12~14	13~0	125
铜陵铜官山选矿厂	2.7×2.1	10~12	13~0	100
易门小木奔选矿厂	3.2×3.1	8~10	18~0	100
易门狮子山选矿厂	3.2×3.1	8~10	18~0	100
牟定选矿厂	2.7×3.6	16~23	12~0	120
东川 222 选矿厂	3.2×3.1	10~14	12~0	120
东川因民选矿厂	3.2×3.1	10~14	20~0	120

　　长期以来,我国确定钢球尺寸的方法常以邦德简便式计算为主,或干脆参照一些教科书中所列的球径见表 2-5。与国外球径相比,这些球径是偏大的。然而我国有的采用优先数选择处理办法来选择钢球尺寸,这也是根据一些选厂的实际经验推导出来的,公式结果与邦德简便式极为相似,所择球径依然偏大。段希祥教授从破碎力学原理推导出来的球径半理论公式,解决了长期以来球径偏大的难题,并将该理论应用于多家厂矿,获得了成功。如攀矿密地选矿厂球磨作业初装球为 ϕ125mm、ϕ100mm、ϕ80mm 3 种钢球,应用此半理论公式后,装球采用 ϕ100mm、ϕ80mm、ϕ60mm、ϕ40mm 4 种钢球。工业试验表明,球径减小后,不但没有降低磨机的处理量,相反,磨机的台时处理能力得到了很大的提高,磨矿产品中由于矿物的单体解离度显著提高,精矿品位也相应得到了提高,球耗、能耗都下降,磨矿产品细度均匀,过粉碎较轻。换句话说,球径减小后,全面改善了磨矿效果。云南元江金矿球磨作业,先前磨机的初装球采用 ϕ120mm、

ϕ100mm、ϕ80mm 3 种钢球，应用此半理论公式后，装球采用 ϕ90mm、ϕ80mm、ϕ60mm 3 种钢球。工业试验表明，球径减小后，磨机台时处理能力提高 27. 23%，磨机按-200 目计的利用系数提高 35. 83%，钢耗下降 16. 34%，衬板使用寿命延长了 25%，磨机工作噪声下降 2~4dB，磨机工作状况全面改善，指标全面提高。罗茨铁矿的球磨作业初装球为 ϕ120mm、ϕ100mm、ϕ80mm、ϕ60mm 4 种钢球。应用此半理论公式后，装球采用 ϕ100mm、ϕ80mm、ϕ60mm 3 种钢球，工业试验表明，同样，球径减小后，全面改善了磨矿过程。此外，作者还在此半理论公式的基础上，在已知矿石密度、给矿粒度、选定磨机大小和矿石普氏硬度系数的情况下，设计钢球尺寸的大小，实践证明也是可行的。

表 2-5　经验球径与给矿粒度之间的关系

钢球直径/mm	东北某些选厂经验，适合处理的矿粒/mm	云南某些选厂经验，适合处理的矿粒/mm
120	12~18	20
100	10~12	10
90	8~10	10
80	6~8	5
70	4~6	2.5
60	2~4	1.2
50	1~2	0.6
40	0.3~1	0.3

2.4　研究的目的及其主要内容

2.4.1　研究的目的

从上节的分析可知，我国球磨作业的装补球制度存在许多不合理之处，主要有以下几点：

（1）初装球明显偏大，即形成过大球制度。球径过大，不仅难以提高目的矿物的单体解离度，而且会导致磨矿产品粒度的不均匀化。这是因为球径大，钢球携带的能量多，破碎力大，矿石沿破碎力最大的方向发生"贯穿破碎"，矿粒的破碎选择性差，不利于目的矿物与脉石矿物的单体解离，而且易造成过粉碎；另外，在同样装球率情况下，球径大会导致球的个数减少，破碎概率减小，矿粒的磨不细现象加剧，表现为欠磨，这已得到试验证实。

（2）补球制度不完善。随着球磨机连续运转，球的磨损不断进行，原装球最佳球荷及粒度特性也发生了变化。因此，合理平衡补加球就显得十分重要。通常，选厂都是定期补加球，补加球的质量等于该段时间钢球的磨损量。由于没有简便而实用的介质补加球理论计算方法，多数厂矿采用的补加球制度都是凭经验补加，所以有的厂矿采用最简单的补加方法，定期加入一种最大球径的钢球。很明显，会造成整体球荷直径的偏大，恶化了磨矿过程。通常，选厂采用的钢球补加制度都是教科书介绍的球的磨损计算基础上的平衡补球方法。但因该方法计算过程烦琐，工作量大，很少有厂矿坚持下来，后来就完全凭经验来补加。还有的利用作图法来确定需要补加球的种类及比例，比较简便、实用、可行。

（3）混合钢球群的磨矿作用不清楚。确定钢球的初装球之后，钢球的种类和比例也就随之确定，这些钢球就组成一个混合钢球群。但这个混合钢球群是否合理，磨矿作用是否最适宜，目前尚无判据。

针对目前我国装补球制度的不足，确定的研究目的有以下几个方面：

（1）确定以磨矿产品质量来判别球荷特性是否处于最佳的装球制度。也就是说，在不同的装球制度下，其磨矿产品质量是不一样的。通过寻找最好的磨矿产品质量来确定最佳的装球制度。

（2）以破碎概率来判别球径大小是否合适。因为破碎一定尺寸的矿粒，其最适宜的球径应该是破碎概率最高的，这样就把球径与破碎概率联系在一起。破碎概率最大的球径就是破碎一定粒度下最适宜球径。

（3）以钢球发生的转移概率来确定补加的钢球的种类和比例。在最适宜的初装球制度确定后，随着磨机的持续运行，钢球将不断发生磨损，也就是大尺寸的钢球将向小钢球转移。如果将此转移概率求出，则补加钢球就变得容易了。

2.4.2　研究的主要内容

研究的主要内容有如下几个方面：

（1）按式（2-13）计算球径的大小，精确测定球径后，根据入磨物料的粒度组成，组成不同种类的装球制度，考察它们的磨矿产品质量，寻找一个最优的装球制度。换句话说，就是考察不同装球制度下与磨矿产品质量的关系。

（2）根据破碎统计力学原理，研究球径与破碎概率之间的关系。在球磨作业中，钢球能否打到矿粒，打到矿粒后能否发生破碎，完全是一个随机过程。因此，将破碎概率的高低作为衡量破碎效果的高低及作为磨机最佳球荷特性的判据，这项研究在国内外尚属首次。

（3）钢球转移概率的研究。如何利用钢球的磨损规律来寻找钢球的转移概率，对简化补加球制度有着重大意义。因为只要知道钢球的转移概率分布，就可知道钢球每刻的球荷特性，补加相应种类的钢球使球荷达到最佳状态，从而使磨矿过程得到改善。

（4）将上述理论研究与生产实践相结合。以金平镍矿的磨矿效果为研究对象，详细地研究如何将上述理论应用到磨机的实践中去，并取得令人满意的指标

（详细结果见第 7 章）。

2.5　本章小结

（1）确定钢球尺寸的方法很多，根据影响因素的多少，推导出的公式也各不相同。段氏球径半理论公式（2-13）是较为适合我国实际情况的确定钢球尺寸的方法。

（2）目前，无论国内还是国外，磨机的装补球制度均不太合理。寻求合理化装补球制度仍是当前研究的热点。自动加球机（ABC）的发明及其在工业上的应用就充分说明了合理补加钢球的重要性。

（3）研究的技术路线是：在不改变现有磨机类型和磨矿介质形状的条件下，通过试验求出磨机给料中各级别对应的最佳钢球尺寸（精确破碎力），并根据磨机给料组成进行精确化装球。在此基础上，根据破碎统计力学原理寻找出最佳的磨矿产品质量，与此对应的最佳球荷即可作为初装球的依据。再利用球荷的转移概率寻求钢球的磨损规律，以此作为补加钢球的依据，从而使磨机内球荷始终处于最佳球荷范围内磨矿。

3 球荷特性与磨矿产品质量的关系研究

球磨机中钢球的粒度分布（即球荷特性）是影响磨矿产品质量的重要因素。在磨机开始连续工作以后，钢球逐渐被磨损，球荷的质量不断减小，为了补偿球的磨损，保持磨机内球荷特性基本不变，需要定期向磨机按一定的配比添加一定数量的钢球。这就是球磨介质工作制度。生产中适宜的研磨介质制度的理论计算，到目前为止还没有很好解决。其主要原因是：（1）矿石性质多变。生产中很难做到随矿石性质的变化及时改变介质工作制度；（2）加工介质材质的多样化、磨机内物料或矿浆性质、成分的多变及复杂化，导致介质的磨损规律多种多样和变化不定。由此，很难确定优化的介质工作制度，确定后也很难在生产条件下维持。因此，本章试图从破碎力学原理出发，用破碎概率的高低来判别球荷特性和磨矿的好坏，使球荷特性更合理化，更科学化。

3.1 装补球制度对磨矿产品质量的影响

球磨作业是矿物加工过程中最关键的作业之一，其产品质量影响分选效果的好坏。好的磨矿效果不仅要求提高产品单体解离度，提高磨矿产品细度，提高磨机的台时处理能力和提高磨矿效率，而且要求降低球耗，减少衬板的磨损，降低电耗和工作噪声，俗称"四提四降"。由于磨机的磨矿作用是通过研磨介质——钢球的作用来实现的，所以，对磨机合理加入一定种类和比例的钢球就显得至关重要。曹亦俊在其博士论文中就分析过我国粗磨机球径偏大的原因及降低球径的尝试。他提出，我国粗磨机的钢球尺寸在同一磨机规格、相同给矿粒度的条件下，比国外球径大 20%以上，再加上很多厂矿为图方便，而只加一种大球，造成磨机内球荷平均粒度增大，严重影响了磨矿产品质量。

基于此，我国的选矿工作者和厂矿联合，通过试验来降低球径，以期获得好的磨矿产品质量。在实践上，大孤山选矿厂率先将粗磨机钢球尺寸由 $\phi127$mm 改为 $\phi100$mm 后，所获得的磨矿产品质量要好得多，见表 3-1。罗茨铁矿将粗磨机中的 3 种装球由 $\phi120$mm、$\phi100$mm、$\phi80$mm 改为 $\phi100$mm、$\phi80$mm、$\phi60$mm 3 种装球后，磨矿产品质量全面改善，见表 3-2。攀钢密地选矿厂将粗磨机中的 3 种球由 $\phi125$mm、$\phi100$mm、$\phi80$mm 3 种球改为 $\phi100$mm、$\phi80$mm、$\phi60$mm 3 种球后，同样也改善了磨矿产品质量，见表 3-3。

由此可以看出，磨机的装球制度关系到磨机产品质量的好坏。在当前生产中适宜的装球制度的理论计算问题尚未解决之前，通过试验来确定最优的装球制度，不失为一种简洁、方便、行之有效的科学方法。

表 3-1　ϕ100mm 钢球与 ϕ127mm 钢球指标比较

指标	台时处理能力 /t·d^{-1}	同台时		高台时	
		32.33		32.77	32.49
		1 系统①	2 系统②	1 系统	2 系统
给矿	−0.295mm	10.76	10.26	11.33	11.40
	−0.074mm	7.15	6.69	7.46	7.63
排矿	−0.295mm	55.93	41.92	55.31	44.41
	−0.074mm	33.53	29.99	29.59	24.16
分级溢流	−0.295mm	94.64	91.60	93.64	91.00
	−0.074mm	66.27	61.00	59.84	60.53
返砂	−0.295mm	31.90	31.15	30.60	26.85
	−0.074mm	12.15	12.55	11.35	10.86
磨机利用系数	−0.295mm	2.53	2.46	2.52	2.42
	−0.074mm	1.67	1.64	1.60	1.61

① 1 系统所用钢球直径为 ϕ100mm；② 2 系统所用钢球直径为 ϕ127mm。

表 3-2　罗茨铁矿改装球后工业试验结果比较

工业试验生产指标	试验系列	生产系列	试验系列比生产系列增加的幅度或减少的幅度
磨机生产率/t·(台·h)$^{-1}$	28.77	28.00	提高 2.75%
给矿最大粒度/mm	24.86	23.75	加粗 4.76%
给矿平均粒度/mm	13.76	9.15	加粗 50.38%
给矿−200 目含量/%	5.55	14.38	减少 61.40%
分级溢流−200 目含量/%	59.96	53.84	提高 11.37%
分级溢流−10μm 含量/%	17.33	20.83	减少 16.80%
磨机−200 目利用系数/t·(m³·h)$^{-1}$	1.74	1.23	提高 41.46%
钢球单耗/kg·t^{-1}	0.727	0.932	降低 22.00%
磨机电耗/kW·h·t^{-1}	5.13	5.69	降低 9.84%
磨机工作噪声/dB	89.0	91.0	降低 2dB

表 3-3　密地选矿厂改装球后工业试验结果比较

工业试验生产指标	试验系列	生产系列	试验系列比生产系列增加的幅度或减少的幅度
磨机生产率/t·(台·h)$^{-1}$	96.33	86.62	提高 11.21%
给矿最大粒度/mm	26.14	25.70	加粗 1.71%

续表 3-3

工业试验生产指标	试验系列	生产系列	试验系列比生产系列增加的幅度或减少的幅度
给矿平均粒度/mm	10.27	9.14	加粗 12.36%
给矿-200 目含量/%	4.19	4.80	减少 12.71%
分级溢流-200 目含量/%	48.10	47.52	提高 1.01%
分级溢流-10μm 含量/%	6.32	10.40	减少 39.23%
磨机-200 目利用系数/t·(m³·h)⁻¹	1.165	1.019	提高 14.33%
钢球单耗/kg·t⁻¹	0.583	0.646	降低 9.75%
磨机电耗/kW·h·t⁻¹	11.24	11.77	降低 4.50%
磨机工作噪声/dB	92.0	94.50	降低 2.5dB

3.2 不同尺寸钢球制度下的磨矿产品粒度特性试验研究

3.2.1 试验方法

试验室采用的不连续磨机 $D \times L$ 为 180mm×200mm 球磨机，转速为 102r/min，转速率为 100%，试验物料以纯矿物作为入磨物料，用磁铁矿代表金属矿物，石英代表脉石矿物，并将入磨物料筛成若干级别，本试验分别将其筛成 4~3mm、3~2mm、2~1mm、1~0.5mm 和 0.5~0.3mm，分别用 5 组不同尺寸的单一钢球做磨碎试验，考察它们的产品粒度组成特性，从而得出不同粒级磨碎的最适宜球径。5 组钢球的工作特性见表 3-4。

表 3-4 5 组钢球的工作特性

球径 /mm	球荷总质量/g	单个球质量/g	球数 /个	球荷表面积/cm²
$\phi 50$	6360	530	12	942
$\phi 40$	6170	257.1	24	1206
$\phi 26$	6170	72.6	85	1805
$\phi 15$	6170	14.2	434	3068
$\phi 9.5$	6110	3.5	1750	4962

3.2.2 试验结果

第 2 章曾介绍确定钢球尺寸的方法。由于所用公式不同，得出的球径也不同。就本试验而言，在各个相同的给矿粒度下，用上述各式算出的球径差异大，甚至相差 1 倍多，见表 3-5。因此，必须采用可靠的办法寻找最合适的钢球尺寸。显然，只有实测法才是最可靠的办法。

表 3-5　按各公式算出的球径值

各式所计算的球径/mm ＼ 磨机给矿粒度/mm	3.5	2.5	2	1.5	1.2	0.75	0.4
按式（2-4）$D_b = 28d_f^{1/3}$ 计算球径	39	35	33	30	28	25	19
按式（2-5）$D_b = 30.16d_f^{0.6375}$ 计算球径	67	54	47	39	34	25	17
按式（2-6）$D_b = kd_f^{1/2}$ 计算球径	50	42	38	32	29	23	17
按式（2-7）$D_b = 25.4d_f^{1/2}$ 计算球径	42	36	32	28	25	20	14
按式（2-8）$D_b = 25.5d_f^{1/2}$ 计算球径	48	40	36	31	28	22	16
按式（2-9）$D_b = 6(\lg d_k)d_f^{1/2}$ 计算球径	28	24	21	18	16	12	8

为便于比较，试验时保持磨矿条件不变，即在同一磨机下，磨矿时间均为 7.5min，磨矿浓度均为 65%，每份矿料均为 500g。以下列 5 个磨矿产品粒度组成特性来综合反映磨矿产品质量的好坏。

（1）d_{max}，磨矿产品中 95% 过筛最大粒度，表示磨矿产品的粗细度；

（2）$\overline{d_i}$，磨矿产品算术加权平均粒度，同 d_{max} 一起表示磨矿产品的粒度均匀程度；

（3）$\gamma_{+0.3}$，磨矿产品中大于 0.3mm 的粒级产率，表示磨矿产品中磨不碎的产率；

（4）$\gamma_{0.1 \sim 0.010}$，磨矿产品中介于 0.1~0.010mm 的粒级产率，表示磨矿产品中最能有效回收的级别；

（5）$\gamma_{-0.010}$，磨矿产品中小于 0.010mm 的粒级产率，表示过粉碎的程度。

表 3-6、表 3-7 分别为各粒级下的磁铁矿、石英在各自不同尺寸的单一钢球组下进行磨碎后的试验结果。

表 3-6　各粒级磁铁矿在不同钢球尺寸的磨碎作用下的产品粒度组成特性

粒级与球径/mm ＼ 比较项目	d_{max} /mm	$\overline{d_i}$ /mm	$\gamma_{+0.3}$ /%	$\gamma_{0.1 \sim 0.010}$ /%	$\gamma_{-0.010}$ /%
4~3　φ50	0.280	0.114	3.28	56.12	2.78
4~3　φ40	0.205	0.096	0.74	62.84	2.20
4~3　φ26	2.820	0.493	17.58	65.19	2.45
最适宜球径	φ40mm				

粒级与球径/mm	比较项目	d_{max} /mm	$\overline{d_i}$ /mm	$\gamma_{+0.3}$ /%	$\gamma_{0.1\sim0.010}$ /%	$\gamma_{-0.010}$ /%
3~2	φ50	0.278	0.114	2.70	54.04	2.74
	φ40	0.202	0.096	0.68	61.88	1.94
	φ26	0.363	0.163	5.12	69.67	2.61
	最适宜球径	φ40mm				
2~1	φ40	0.297	0.155	4.58	52.08	3.64
	φ26	0.240	0.116	2.30	59.39	3.49
	φ15	0.916	0.432	33.22	50.86	3.70
	最适宜球径	φ26mm				
1~0.5	φ40	0.275	0.122	2.22	48.36	3.26
	φ26	0.216	0.101	0.86	57.06	2.80
	φ15	0.471	0.123	8.60	61.42	3.64
	最适宜球径	φ26mm				
0.5~0.3	φ26	0.196	0.097	0.36	58.90	1.52
	φ15	0.191	0.087	0.70	68.86	1.36
	φ9.5	0.406	0.137	10.60	51.70	1.84
	最适宜球径	φ15mm				

表 3-7　各粒级下石英在不同钢球尺寸的磨碎作用下的产品粒度组成特性

粒级与球径/mm	比较项目	d_{max} /mm	$\overline{d_i}$ /mm	$\gamma_{+0.3}$ /%	$\gamma_{0.1\sim0.010}$ /%	$\gamma_{-0.010}$ /%
4~3	φ50	1.56	0.477	43.28	28.21	2.39
	φ40	2.44	0.518	39.04	30.82	2.20
	φ26	3.75	1.120	50.78	33.17	2.59
	最适宜球径	φ40mm				
3~2	φ50	0.990	0.346	38.36	28.14	2.76
	φ40	0.936	0.316	34.06	26.68	1.46
	φ26	2.802	0.866	43.28	29.26	1.84
	最适宜球径	φ40mm				
2~1	φ40	0.707	0.277	25.74	29.68	1.12
	φ26	0.777	0.293	26.14	32.48	0.90
	φ15	1.805	0.588	49.34	31.01	1.15
	最适宜球径	φ26mm				

比较项目 粒级与球径/mm		d_{max} /mm	$\overline{d_i}$ /mm	$\gamma_{+0.3}$ /%	$\gamma_{0.1\sim0.010}$ /%	$\gamma_{-0.010}$ /%
1~0.5	$\phi40$	0.449	0.182	16.88	30.89	2.31
	$\phi26$	0.426	0.170	11.86	32.07	2.07
	$\phi15$	0.698	0.210	21.06	33.86	2.18
	最适宜球径	$\phi26mm$				
0.5~0.3	$\phi26$	0.288	0.128	3.44	35.94	3.00
	$\phi15$	0.434	0.128	6.60	41.05	2.65
	$\phi9.5$	0.447	0.166	18.76	34.82	4.94
	最适宜球径	$\phi15mm$				

　　从表 3-6、表 3-7 可以看出，各粒级下的最适宜球径分别为：4~2mm，$\phi40mm$ 钢球，2~0.5mm，$\phi26mm$ 钢球，0.5~0.3mm，$\phi15mm$ 钢球。造成这种现象的原因是：对每一组单一粒级而言，大尺寸钢球由于球径大，打击力大，能够有效地破碎粗级别，故粗级别含量少，磨矿产品中的最大粒度及加权平均粒度均较低；而小尺寸钢球，由于球径小，打击力不够，不能有效地破碎粗级别，故其磨不碎级别的产率最高，磨矿产品中的最大粒度及加权平均粒度均较高。总的来看，窄粒级给料所对应的最佳介质尺寸随着给料的粒度的减小而减小。试验时还发现一个有趣的现象是：小尺寸钢球要么磨不碎，要么磨碎后就进一步被磨细，出现"两头大一头小"的现象。这从表 3-8、表 3-9 可以看出小尺寸钢球在磨碎不同粒级物料的磨矿产品粒度分布情况。

表 3-8　各粒级磁铁矿在小钢球作用下的磨矿产品粒度分布

粒级/mm	$\phi26mm$ 球磨碎 4~3mm		$\phi26mm$ 球磨碎 3~2mm		$\phi15mm$ 球磨碎 2~1mm		$\phi15mm$ 球磨碎 1~0.5mm		$\phi9.5mm$ 球磨碎 0.5~0.3mm	
	γ/%	$\Sigma_{上}$/%	γ/%	$\Sigma_{上}$/%	γ/%	$\Sigma_{上}$/%	γ/%	$\Sigma_{上}$/%	γ/%	$\Sigma_{上}$/%
3~2	15.34	15.34	—							
2~1	1.16	16.50	4.34	4.34	—					
1~0.5	0.58	17.08	0.40	4.74	29.60	29.60	—			
0.5~0.3	0.50	17.58	0.38	5.12	3.62	33.22	8.60	8.60	10.60	10.60
0.3~0.2	0.92	18.50	1.06	6.18	2.74	35.96	4.34	12.94	13.42	24.02
0.2~0.1	13.86	32.36	21.54	27.22	9.48	45.44	22.00	34.94	22.44	46.46
0.1~0.076	12.26	44.62	15.34	43.06	6.56	52.00	11.70	46.64	8.00	54.46
0.076~0.019	49.38	94.00	50.63	93.69	42.10	94.10	46.28	92.92	40.80	95.26
0.019~0.010	3.55	97.55	3.70	97.39	2.20	96.30	3.44	96.36	2.90	98.16

续表 3-8

粒级/mm	φ26mm 球磨碎 4~3mm		φ26mm 球磨碎 3~2mm		φ15mm 球磨碎 2~1mm		φ15mm 球磨碎 1~0.5mm		φ9.5mm 球磨碎 0.5~0.3mm	
	γ/%	Σ上/%	γ/%	Σ上/%	γ/%	Σ上/%	γ/%	Σ上/%	γ/%	Σ上/%
−0.010	2.45	100.00	2.61	100.00	3.70	100.00	3.64	100.0	1.84	100.00
合计	100.0	—	100.0	—	100.0	—	100.0	—	100.0	—

注：γ 为产率或者级别产率；Σ 为累积产率；Σ上 和 Σ下 分别为筛上累积产率和筛下累积产率。

表 3-9　各粒级石英在小钢球作用下的磨矿产品粒度分布

粒级/mm	φ26mm 球磨碎 4~3mm		φ26mm 球磨碎 3~2mm		φ15mm 球磨碎 2~1mm		φ15mm 球磨碎 1~0.5mm		φ9.5mm 球磨碎 0.5~0.3mm	
	γ/%	Σ上/%	γ/%	Σ上/%	γ/%	Σ上/%	γ/%	Σ上/%	γ/%	Σ上/%
3~2	38.78	38.78	—	—						
2~1	5.74	44.52	33.00	33.00	—	—				
1~0.5	3.34	47.86	4.52	37.52	42.54	42.54	—	—		
0.5~0.3	2.92	50.78	5.76	43.28	6.80	49.34	21.06	21.06	18.76	18.76
0.3~0.2	4.08	54.86	7.76	51.04	5.76	55.10	12.96	34.02	11.38	30.14
0.2~0.1	9.38	64.24	17.86	68.90	12.74	67.84	29.94	63.96	30.10	60.24
0.1~0.076	2.44	66.68	6.26	75.16	5.16	73.00	9.46	73.42	6.92	67.16
0.076~0.019	28.00	94.68	20.55	95.71	23.40	96.40	21.75	95.17	21.66	88.82
0.019~0.010	2.73	97.41	2.45	98.16	2.45	98.85	2.65	97.82	6.24	95.06
−0.010	2.59	100.00	1.84	100.00	1.15	100.0	2.18	100.0	4.94	100.00
合计	100.0	—	100.0	—	100.0	—	100.0	—	100.0	—

注：γ 为产率或者级别产率；Σ 为累积产率；Σ上 和 Σ下 分别为筛上累积产率和筛下累积产率。

　　另外，大尺寸钢球和小尺寸钢球的过粉碎都很严重，前者由于打击力太大所致，后者则是由于研磨面积大所致。但是，适宜钢球就不这样。由于保证了钢球的打击力足够，能有效地破碎粗级别，同时又兼顾了钢球荷的研磨面积，也能有效地磨细细级别，而且过粉碎较轻。结果，适宜钢球的破碎粗级别能力、磨细细级别的能力、磨矿产品平均粒度和过粉碎的含量都是最好的。

　　因此，从上述的分析可知，对于不同粒级的入磨物料，的确存在一个与物料粒度相适应的最适宜其破碎的最佳球径。在此球径作用下，其磨碎产品粒度组成特性最好。

3.3　不同装球制度下磨矿产品粒度组成特性试验研究

3.3.1　试验方法

　　在实际磨矿时，入磨给矿不会是单一粒级的，而是由各个粒级混合而成，故所用钢球尺寸也不会是单一球径，是采用混合球径。为此，试验时采用上述粒级混合组成新的入磨物料，装球制度也相应地采用上述最适宜球径的混合配比组合而成，以考察磨机产品粒度组成特性的变化。其基本思想是：单一尺寸的球介质对混合粒级磨机给料的磨碎作用等于其对组成混合物料的各窄级别物料磨碎作用的线性叠加；混合加球对混合给料的磨碎作用等于混合球中各单一尺寸球对各窄级别物料磨碎作用的线性叠加。这也与磨矿时遵循的"大球打大块，小球磨小块"的原则相适应。

　　试验时模拟了生产情况，用各粒级混合组成了粗粒、中等粒度和细粒 3 种入磨物料，其粒度组成见表 3-10。对每组物料又分别采用了过大球制度、适宜球制度和过小球制度进行试验，各装球制度见表 3-11。

表 3-10　待磨物料粒度组成

粒级范围/mm 粒度组成/%	4~3	3~2	2~1	1~0.5	0.5~0.3
粗粒	25	25	20	20	10
中等粒度	15	15	20	20	30
细粒	10	10	20	20	40

表 3-11　钢球配比　　　　　　　　　　　　　　（%）

粒度类别与装球制度		球径/mm			
		$\phi40$	$\phi26$	$\phi15$	加权平均
粗粒	过大球制度	75	20	5	36
	适宜球制度	50	40	10	32
	过小球制度	20	30	50	23
中等粒度	过大球制度	60	30	10	33
	适宜球制度	30	40	30	27
	过小球制度	10	30	60	21
细粒	过大球制度	50	30	20	31
	适宜球制度	20	40	40	24
	过小球制度	10	30	60	21

　　所谓过大球制度，即该种球的产率明显大于适合它磨碎的那个粒度级别的产率；过小球制度，即是该种球的产率明显小于适合它磨碎的那个级别的产率；而适宜装球制度即是该种球的产率与它适合磨碎的那个粒度级别产率相一致或成比例。

3.3.2 试验结果

分别将磁铁矿、石英组成的 3 种不同入磨物料在 3 种不同的装球制度下进行磨碎，磨碎后的产品粒度组成特性分别见表 3-12、表 3-13。

表 3-12 磁铁矿在各种装球制度下的产品粒度组成特性

比较项目 粒度类别与装球制度		d_{max}/mm	$\overline{d_i}/mm$	$\gamma_{+0.3}/\%$	$\gamma_{0.1\sim0.010}/\%$	$\gamma_{-0.010}/\%$
粗粒	过大球制度	0.216	0.115	1.84	61.84	2.20
	适宜球制度	1.038	0.211	6.04	65.56	1.96
	过小球制度	2.875	0.516	19.04	66.36	2.46
中等粒度	过大球制度	0.253	0.139	2.60	63.50	1.70
	适宜球制度	1.356	0.271	8.52	67.56	1.36
	过小球制度	2.847	0.477	15.78	68.20	1.56
细粒	过大球制度	0.281	0.169	3.92	65.90	1.48
	适宜球制度	1.311	0.259	8.08	68.65	1.35
	过小球制度	2.536	0.332	11.54	70.32	1.64

表 3-13 石英在各种装球制度下的产品粒度组成特性

比较项目 粒度类别与装球制度		d_{max}/mm	$\overline{d_i}/mm$	$\gamma_{+0.3}/\%$	$\gamma_{0.1\sim0.010}/\%$	$\gamma_{-0.010}/\%$
粗粒	过大球制度	2.581	0.425	24.72	31.44	2.10
	适宜球制度	2.947	0.598	27.54	33.26	1.76
	过小球制度	3.535	1.060	42.74	36.41	2.49
中等粒度	过大球制度	2.60	0.397	18.70	33.26	3.24
	适宜球制度	3.05	0.630	26.12	37.12	2.82
	过小球制度	3.42	0.824	32.68	35.60	3.84
细粒	过大球制度	2.560	0.375	16.06	35.50	3.32
	适宜球制度	3.057	0.546	21.48	36.58	3.26
	过小球制度	3.023	0.635	26.28	37.17	3.45

表 3-12、表 3-13 说明，尽管入磨物料和装球制度的组成发生了变化，但磨碎后的产品粒度组成特性的总体规律仍和单一粒级单一钢球作用下的产品粒度组成特性一样。过大球制度，一方面，由于加权平均球径大，打击力大，破碎粗级别的能力最强；另一方面，在球的总质量保持不变的情况下，球径偏大后球的个数减少，对破碎细级别的能力较差。由此可见，过大球制度下的磨矿效果是粗级

别被破碎较多，产品的最大粒度和加权平均粒度（粗级别对加权平均粒度影响最大）均很低，但总的磨碎效果不好，合格细粒的产率低。由于球径偏大，打击力大，过粉碎现象也严重。

过小球制度，一方面，由于加权平均球径小，打击力不够，破碎粗级别的能力很差；另一方面，由于小球数量较多，细磨的效果很好。因此，过小球制度下的产品的最大粒度和加权平均粒度均是最粗的，并且由于小球的数量偏多，研磨面积大，大量地磨碎细级别，致使整个产品的合格细粒含量可能很高，但过粉碎现象也很严重。

适宜球制度，其加权平均球径介于过大球制度和过小球制度之间，破碎粗级别的效果不如过大球制度高，但比过小球制度高；破碎细级别的效果比过小球制度差，但又比过大球制度好，而过粉碎则是最轻的。换句话说，在适宜球制度下，入磨物料中各粗、中、细粒级别均能被有效地破碎，其磨矿效果是最好的，即产品粒度组成特性是最好的。

所以说，对于不同混合物料而言，用其各自粒级范围内的最适宜球径并使该种球的产率与该粒级物料产率相一致的配比组合，能得到最好的产品粒度组成特性。这就为选厂根据入磨物料的粒度组成采用相适宜的装球制度提供了理论依据。

3.4　实际矿石的试验结果

为了验证上述纯矿物磨碎研究结果是否对实际矿石磨碎也能适用，在实验室里进行了实际矿石的磨碎研究，以甘肃金川镍矿球磨机给矿为例，各球磨给料粒度组成见表 3-14。

表 3-14　金川镍矿各球磨给矿粒度组成

粒级/mm	一段一次球磨给矿			一段二次球磨给矿			二段球磨给矿		
	γ/%	$\Sigma_{上}$/%	$\Sigma_{下}$/%	γ/%	$\Sigma_{上}$/%	$\Sigma_{下}$/%	γ/%	$\Sigma_{上}$/%	$\Sigma_{下}$/%
3~2	1.88	1.88	100.00	0.91	0.91	100.00	—	—	—
2~1	9.58	11.46	98.12	3.30	4.21	99.09	—	—	—
1~0.5	21.30	32.76	88.54	8.90	13.11	95.79	0.26	0.26	100.00
0.5~0.3	19.16	51.92	67.24	15.58	28.69	86.89	2.98	3.24	99.74
0.3~0.15	20.66	72.58	48.08	29.00	57.69	73.31	17.06	20.30	96.76
0.15~0.10	11.23	83.31	27.42	20.22	77.91	42.31	36.16	56.46	79.70
0.10~0.076	5.82	89.63	16.19	7.96	85.87	22.09	17.28	73.74	43.54
0.076~0.037				11.25	97.12	14.13	21.53	95.27	26.26
0.037~0.019	10.37	100.00	10.37	1.47	98.59	2.88	2.36	97.63	4.73
0.019~0.010				0.57	99.16	1.41	0.66	98.31	2.37
-0.010				0.84	100.0	0.84	1.69	100.0	1.69
合计	100.0	—	—	100.0	—	—	100.0	—	—

由表3-14可以求出，一段一次球磨给料、一段二次球磨给料、二段球磨给料的最大粒度分别为：1.67mm、0.95mm和0.29mm；算术加权平均粒度分别为0.50mm、0.32mm和0.12mm。由式（2-13）可以计算出破碎各级别所需理论球径值分别为25mm、20mm和10mm。

3.4.1 试验方法

在实验室 $D×L$ 为 160mm×180mm 的不连续磨机中，保持磨矿浓度65%，每批料重500g，每次磨7.5min，分别考察各组尺寸钢球的磨碎结果。试验采用单一尺寸的球组，便于分析球径与磨矿效果的关系，各球组的参数见表3-15。

表 3-15　球径试验的单一球组参数

球径组/mm	球荷质量/g	球数/个	单个球实际质量/g	单个球理论质量/g
$\phi50$	5155	10	515.5	510.5
$\phi40$	5040	21	252.0	261.4
$\phi30$	5040	45	112.0	110.3
$\phi25$	4980	70	71.0	71.8
$\phi20$	5010	145	34.6	32.7
$\phi15$	5000	386	13.0	13.8
$\phi9.6$	5000	1439	3.5	3.6

3.4.2 试验结果

3.4.2.1 一段一次球磨给料最佳球径试验

用 $\phi50$mm、$\phi40$mm、$\phi30$mm、$\phi25$mm、$\phi20$mm 5 组钢球磨细一段一次球磨机给料。一段一次球磨产品粒度较粗，-200 目产率约60%，故用 0.3mm 表示磨矿粒度，则 +0.3mm 级别表示磨不细级别，-0.01mm 表示过粉碎级别，0.3～0.01mm 表示合格粒度级别。5 组钢球的磨细结果摘要见表3-16。其详细结果见表3-17。

表 3-16　一段一次球磨给料最佳球径试验结果摘要

球径组/mm 项目	$\phi50$	$\phi40$	$\phi30$	$\phi25$	$\phi20$
d_{max}/mm	0.467	0.426	0.446	0.471	0.953
$\overline{d_i}$/mm	0.170	0.150	0.155	0.159	0.195
$\gamma_{+0.3}$/%	15.00	10.02	10.00	9.60	13.98
$\gamma_{-0.01}$/%	3.36	3.52	3.82	3.82	4.00
$\gamma_{0.3～0.01}$/%	81.64	84.46	86.18	86.58	82.02
试验最佳球径/mm			$\phi25$		

表 3-17　一段一次球磨给料最佳球径试验详细结果

球径组/mm	项目	+1.0mm	1.0~0.5mm	0.5~0.3mm	0.3~0.15mm	0.15~0.1mm	0.1mm~76μm	76~37μm	37~19μm	19~10μm	-10μm	合计
φ50	γ/%	0.08	2.44	12.48	25.98	17.34	7.42	21.10	5.40	3.90	3.86	100.0
	Σ上/%	0.08	2.52	15.00	40.98	58.32	65.74	86.84	92.24	96.14	100.0	—
	Σ下/%	100.0	99.92	97.48	85.00	59.02	41.68	34.26	13.16	7.76	3.86	—
φ40	γ/%	0.16	1.16	8.70	26.04	19.00	7.88	22.70	6.06	4.21	4.09	100.0
	Σ上/%	0.16	1.32	10.02	36.06	55.06	62.94	85.64	91.70	95.91	100.0	—
	Σ下/%	100.0	99.84	98.68	89.98	63.94	44.94	37.06	14.36	8.30	4.09	—
φ30	γ/%	0.64	1.68	7.68	25.00	19.60	8.08	22.80	6.18	4.24	4.10	100.0
	Σ上/%	0.64	2.32	10.00	35.00	54.60	62.68	85.48	91.66	95.90	100.0	—
	Σ下/%	100.0	99.36	97.68	90.00	65.00	45.40	37.32	14.52	8.34	4.10	—
φ25	γ/%	1.56	2.04	6.00	22.54	19.96	8.30	23.14	6.30	5.14	5.02	100.0
	Σ上/%	1.56	3.60	9.60	32.14	52.10	60.40	83.54	89.84	94.98	100.0	—
	Σ下/%	100.0	98.44	96.40	90.40	67.86	47.90	39.60	16.46	10.16	5.02	—
φ20	γ/%	4.20	4.36	5.42	16.76	18.80	8.70	23.48	6.62	5.46	6.20	100.0
	Σ上/%	4.20	8.56	13.98	30.74	49.54	58.24	81.72	88.34	93.80	100.0	—
	Σ下/%	100.0	95.80	91.44	86.02	69.26	50.46	41.76	18.28	11.66	6.20	—

　　由此可见，球径过大时，球的打击次数少，磨不细级别产率大，而球径过小时，因打击力不足，磨不细级别也多，只有在最佳球径下磨不细级别才最低，磨碎效率最高。对一段一次球磨机给矿，试验的最佳球径也是 25mm，证明理论计算的最佳球径是可靠的。

3.4.2.2　一段二次球磨给料最佳球径试验

　　用 φ40mm、φ30mm、φ25mm、φ20mm、φ15mm、φ9.6mm 6 组钢球磨细一段二次球磨机给料。一段二次自然比一段一次磨得细些，用 0.15mm 表示磨矿粒度，则 +0.15mm 级别表示磨不细级别，仍用 -0.01mm 表示过粉碎，0.15~0.01mm 表示合格粒度级别。6 组钢球的磨细结果摘要见表 3-18，其详细结果见表 3-19。

表 3-18　一段二次球磨给料最佳球径试验结果摘要

球径组/mm 项目	φ40	φ30	φ25	φ20	φ15	φ9.6
d_{max}/mm	0.280	0.271	0.266	0.282	0.538	0.577
$\overline{d_i}$/mm	0.113	0.107	0.104	0.109	0.129	0.136
$\gamma_{+0.15}$/%	21.30	17.40	15.24	13.92	15.70	23.16

球径组/mm（项目）	φ40	φ30	φ25	φ20	φ15	φ9.6
$\gamma_{-0.010}$/%	4.58	4.88	4.96	4.94	5.02	5.08
$\gamma_{0.15\sim0.010}$/%	74.12	77.72	79.80	81.14	79.28	71.76
试验最佳球径/mm	φ20					

表 3-19　一段二次球磨给料最佳球径试验详细结果

球径组/mm	项目	+0.5mm	0.5~0.3mm	0.3~0.15mm	0.15~0.1mm	0.1mm~76μm	76~37μm	37~19μm	19~10μm	-10μm	合计
φ40	γ/%	0.16	1.94	19.20	25.44	11.56	29.44	4.58	3.66	4.02	100.0
	Σ上/%	0.16	2.10	21.30	46.74	58.30	87.74	92.32	95.98	100.0	—
	Σ下/%	100.0	99.84	97.90	78.70	53.26	41.70	12.26	7.68	4.02	—
φ30	γ/%	0.32	1.28	15.58	27.28	12.54	30.02	4.62	3.86	4.28	100.0
	Σ上/%	0.32	1.60	17.40	44.68	57.22	87.24	91.86	95.72	100.0	—
	Σ下/%	100.0	99.68	98.40	82.60	55.32	42.78	12.76	8.14	4.28	—
φ25	γ/%	0.60	1.00	13.64	26.62	13.52	30.61	5.20	4.03	4.78	100.0
	Σ上/%	0.60	1.60	15.24	41.86	55.38	85.99	91.19	95.22	100.0	—
	Σ下/%	100.0	99.40	98.40	84.76	58.14	44.62	14.01	8.81	4.78	—
φ20	γ/%	2.34	1.00	10.58	26.04	13.60	31.76	5.32	4.42	4.94	100.0
	Σ上/%	2.34	3.34	13.92	39.96	53.56	85.32	90.64	95.06	100.0	—
	Σ下/%	100.0	97.66	96.66	86.08	60.04	46.44	14.68	9.36	4.94	—
φ15	γ/%	6.00	1.90	7.80	21.64	13.56	32.18	6.18	4.82	5.92	100.0
	Σ上/%	6.00	7.90	15.70	37.34	50.90	83.08	89.26	94.08	100.0	—
	Σ下/%	100.0	94.00	92.10	84.30	62.66	49.74	16.92	10.74	5.92	—

由此可见，球径对磨碎效果的影响与上述情况相同，试验确定的最佳球径及理论计算的最佳球径均为 φ20mm，证明理论计算的最佳球径是可靠的。

3.4.2.3　二段球磨给料最佳球径试验

用 φ30mm、φ25mm、φ20mm、φ15mm、φ9.6mm 5 组钢球磨细二段球磨机给矿。二段球磨机要求的产品细度在 -200 目 70% 以上，比一段二次更细，用 0.1mm 表示磨矿粒度，+0.1mm 表示磨不细级别，仍用 -0.01mm 表示过粉碎级别，用 0.1~0.01mm 表示合格粒度级别，仿照上面两次球径试验的办法，以合格粒级产率的高低来判别哪组球径值最佳。5 组钢球的磨细结果摘要见表 3-20，其详细结果见表 3-21。

表 3-20　二段球磨给料最佳球径试验结果摘要

项目 ＼ 球径组/mm	$\phi30$	$\phi25$	$\phi20$	$\phi15$	$\phi9.6$
d_{max}/mm	0.145	0.141	0.138	0.134	0.140
$\overline{d_i}$/mm	0.077	0.072	0.069	0.066	0.069
$\gamma_{+0.3}$/%	25.36	20.68	16.98	13.62	16.96
$\gamma_{-0.010}$/%	6.36	6.41	6.46	6.76	6.96
$\gamma_{0.3\sim0.010}$/%	68.28	72.91	76.56	79.62	70.68
试验最佳球径/mm			$\phi15$		

表 3-21　二段球磨最佳球径试验详细结果

球径组/mm	项目	+0.3mm	0.3~0.15mm	0.15~0.1mm	0.1mm~76μm	76~37μm	37~19μm	19~10μm	−10μm	合计
$\phi30$	γ/%	0.08	2.20	23.08	19.84	41.38	4.66	3.40	5.36	100.0
	$\Sigma_{上}$/%	0.08	2.28	25.36	45.20	86.58	91.24	94.64	100.0	—
	$\Sigma_{下}$/%	100.0	99.92	97.72	74.64	54.80	13.42	8.76	5.36	—
$\phi25$	γ/%	0.06	1.42	19.20	20.42	43.40	5.60	3.74	6.16	100.0
	$\Sigma_{上}$/%	0.06	1.48	20.68	41.1	84.50	90.10	93.84	100.0	—
	$\Sigma_{下}$/%	100.0	99.94	98.52	79.32	58.90	15.50	9.90	6.16	—
$\phi20$	γ/%	0.04	0.94	16.00	20.78	45.65	5.85	4.08	6.66	100.0
	$\Sigma_{上}$/%	0.04	0.98	16.98	37.76	83.41	89.26	93.34	100.0	—
	$\Sigma_{下}$/%	100.0	99.96	99.02	83.02	62.24	16.59	10.74	6.66	—
$\phi15$	γ/%	0.08	0.46	13.08	20.70	48.56	5.96	4.20	6.96	100.0
	$\Sigma_{上}$/%	0.08	0.54	13.62	34.32	82.88	88.84	93.04	100.0	—
	$\Sigma_{下}$/%	100.0	99.92	99.46	86.38	65.68	17.12	11.16	6.96	—
$\phi9.6$	γ/%	0.14	1.32	15.50	20.90	43.36	6.50	4.98	7.30	100.0
	$\Sigma_{上}$/%	0.14	1.46	16.96	37.86	81.22	87.72	92.70	100.0	—
	$\Sigma_{下}$/%	100.0	99.86	98.54	83.04	62.14	18.78	12.28	7.30	—

　　由此可见，球径对磨碎效果的影响与上述情况相同，但试验的最佳球径为 $\phi15$mm，与理论计算的最佳球径 $\phi10$mm 相比，有点偏差。产生偏差的原因是计算球径采用的磨矿浓度为 55%，而实际试验时采用的是 65%，试验浓度高出 10%，矿浆对钢球的阻力加大，只有更大一些的球径才能有效磨细。这是两种办法确定出的球径有点偏差的原因。如果试验采用 55% 的磨矿浓度，最佳球径可能仍是 10mm。

3. 4. 3　试验研究结论

　　试验结果表明，一段一次球磨采用 ϕ25mm 球，一段二次球磨采用 ϕ20mm 球及二段球磨采用 ϕ15mm，试验结果与理论计算结果相吻合。这说明，现在金川公司采用的 ϕ60mm 球是过于偏大的。要想提高磨细效果，只有改变球径偏大的状况才有可能实现。

　　试验结果还表明，单一球径下的破碎效果所反映的总体规律同纯矿物磨碎研究结果是一致的，这反过来说明纯矿物的试验结果也是可靠的。

3. 5　本章小结

　　（1）球荷特性关系到磨矿产品质量的好坏。合理化装补球将会明显改善磨矿产品质量，提高磨矿效果。

　　（2）纯矿物的试验结果表明，磨碎单一粒级物料，必然存在一个最佳球径，可使该物料的磨碎产品粒度组成特性最好。而磨碎由单一粒级组成的混合物料，用各粒级的最佳球径组成的装球制度，同样得到最好的磨碎产品粒度组成特性。

　　（3）以金川镍矿为例的试验结果也表明，在不同的单一球径作用下，同样存在一个最佳球径，在此球径作用下的磨碎产品质量最佳。

4 破碎统计力学原理

～～～～～～～～～～～～～～～～～～～～～～～～～～～～～～～～～～

4.1 破碎过程的统计现象

破碎过程是一个非常复杂的物料块尺寸变化过程和复杂的功能转化的力学过程，与许多无法估计的因素有关。主要因素有：破碎动力因素，包括钢球的尺寸及运动状态；破碎对象的力学性质，包括物料抗压强度、硬度、韧性、形状、尺寸、湿度、密度和均匀性等；外部条件，如物料块群在破碎瞬时相互作用、分布情况及操作条件等。所有上述因素都使破碎过程的尺寸变化复杂化了，以至于到今天还不能得出统一而严密完整的数理理论来阐述这一过程。

早在20世纪50年代，С·Д·伏尔柯夫就发现岩石的破坏，从宏观上来看都是将大块物料破碎成许多小尺寸颗粒，但从微观上来看，破碎过程却是不均一的。他认为，宏观的破坏现象，是许多微观破坏的综合表现，这些不均质的微观破坏，只能用统计的办法来研究。用微观破坏的统计规律来表达宏观强度的数学期望，称为统计强度理论，即С·Д·伏尔柯夫统计强度理论。

不仅岩石在破碎过程中具有统计现象，岩石破碎后的产品粒度分布也具有统计现象。经过长期研究，人们发现，碎矿和磨矿产品的粒度分析资料可以整理成某种数学形式，即粒度分布函数，又称粒度特性方程式，有的分布函数与统计学中的某些典型分布相同。如A·M·高登（Gaudin）-C·E·安德烈耶夫-R·舒曼（Schuhman）粒度特性方程式，其表达式为：

$$W = Ax^m = \frac{100}{x_{\max}^m}x^m = 100\left(\frac{x}{K}\right)^m \tag{4-1}$$

式中　W——筛下累积质量分数，%；

　　　K——理论最大粒度（或粒度模数），当筛孔宽（x）与其相等时，全部矿料均进入筛下，$W=100\%$；

　　　m——与物料性质有关的指数，决定着曲线的凸凹程度。在算术坐标中，$m-1=0$时为直线，$m-1<0$时为双曲线，$m-1>0$时为抛物线，m值很少大于1，通常为0.7，球磨产物的m值为0.7~1.0。

此粒度特性方程式的统计特征数为

$$v_1 = \overline{x} = \int_0^{x_{\max}} x\varphi(x)\,\mathrm{d}x$$

$$= \int_0^{x_{\max}} x 100m \frac{x^{m-1}}{x_{\max}^m} \mathrm{d}x$$

$$= \frac{100m}{m+1} x_{\max} \tag{4-2}$$

$$\mu_2 = \sigma^2 = v^2 - v_1^2 = \int_0^{x_{\max}} x^2 100m \frac{x^{m-1}}{x_{\max}^2} \mathrm{d}x - \left(\frac{100m}{m+1} x_{\max}\right)^2$$

$$= \left[\frac{100m}{m+2} - \frac{100^2 m^2}{(m+1)^2}\right] x_{\max}^2 \tag{4-3}$$

1933 年，R·罗辛（Rosin）-E·拉姆勒尔（Rammler）提出粉煤的粒度特性方程式：

$$W'(x) = 100nbx^{n-1}e^{-bx^n} \tag{4-4}$$

或

$$W(x) = 100 - 100e^{-bx^n} \tag{4-5}$$

式中　$W'(x)$——粒级 x 的质量分数；

　　　$W(x)$——粒级 x 的筛下累积；

　　　b——与产物细度有关的参数；

　　　n——与物料性质有关的参数，n 值越大，物料越均匀。

此种粒度特性方程式的统计特征数为：

$$v_1 = \bar{x} = \int_0^\infty 100xnbx^{n-1}\exp(-bx^n)\mathrm{d}x$$

$$= 100 \frac{1}{b^{1/n}} \Gamma\left(\frac{n+1}{n}\right) \tag{4-6}$$

$$\mu_2 = \sigma^2 = \int 100 (x-\bar{x})^2 nbx^{n-1}\exp(-bx^n)\mathrm{d}x$$

$$= 100 \frac{1}{b^{2/n}} \left[\Gamma\left(\frac{n+2}{n}\right) - \Gamma^2\left(\frac{n+1}{n}\right)\right] \tag{4-7}$$

1941 年，A·H·柯尔莫哥洛夫在苏联科学院院报上发表"粉碎中粒度的对数正态分布"，从理论上证明，粉碎产物的粒度分布为对数正态型。G·赫丹（Herdan）指出："如果分散得自粉碎（碾、磨、破碎），分布常常为对数正态型。粉碎了的二氧化硅、花岗岩、方解石、石灰石、石英、苏打、渣、碳酸氢钠、三氧化二硅、黏土等所有这些物料的粒度分布，能用对数正态分布恰当地拟合"。其表达式为：

$$\varphi(x) = \frac{1}{\lg\sigma_g \sqrt{2\pi}} \exp\left[-\frac{(\lg x - \lg x_g)^2}{2\lg^2\sigma_g}\right] \tag{4-8}$$

式中　x_g——几何平均值；

　　　σ_g——几何标准差。

$$\lg x_{g} = \frac{\sum n_i \lg x_i}{\sum n_i} = \frac{n_1 \lg x_1 + n_2 \lg x_2 + \cdots + n_n \lg x_n}{N} \tag{4-9}$$

$$\lg \sigma_{g} = \sqrt{\frac{\sum \left[n_i (\lg x - \lg x_g)^2 \right]}{N}} \tag{4-10}$$

式中，n 为所观察的直径为 x 的粒子的颗数。

在粒级 x_1 与 x_2 之间的累积频率为：

$$N = \int_{\lg x_1}^{\lg x_2} \frac{\sum n_i}{\sqrt{2\pi} \lg \sigma_g} \exp \left[-\frac{(\lg x - \lg x_g)^2}{2 \lg^2 \sigma_g} \right] \mathrm{d}(\lg x) \tag{4-11}$$

令

$$t = \frac{\lg x - \lg x_g}{\lg \sigma_g}$$

则

$$N = \int_{-\infty}^{t} \frac{\sum n_i}{\sqrt{2\pi}} \exp \left(-\frac{t^2}{2} \right) \mathrm{d}t \tag{4-12}$$

此为标准正态曲线公式。利用此公式，查统计用表中的积分结果，就能方便地计算出式（4-11）。

此外，1962 年 A·M·高登和 T·P·梅洛伊（Meloy）用概率论方法从理论上导出破裂模型。他们假定所破碎的固体是各向同性的和均匀的，破裂是单次事件，有若干个切面在此单次事件中同时随机地切割固体，并产生形状相同的碎片。其表达式为：

$$W(x) = 1 - \left(1 - \frac{x}{x_0} \right)^r \tag{4-13}$$

式中　$W(x)$——小于 x 的累积质量分数，%；

　　　　r——无因次的参数；

　　　x_0——最大粒度。

此式可用摆式破碎仪对岩盐、方铅矿、萤石、玻璃及石英等做的一次破碎实验的结果证明。再拟出重复破裂的数学模型，用矩阵求解，得到的结果证明，上式亦可用于重复破裂。

4.2　破碎统计力学的研究方法

从上节分析可知，矿石的破碎，不仅其破坏强度理论具有统计现象，而且其破坏后的产品粒度也具有统计规律。尽管到目前为止，破碎的纯理论研究还没有完全令人信服，但矿石的破碎却取得了很大进展。巨大的颗粒状物料采用不同的破碎方法可以获得几个微米的产品，以适应各种工艺的需要。在矿山生产中，主要的破碎方法仍是冲击破碎、挤压破碎、研磨破碎和劈裂破碎等。

从磨机中钢球工作来看，钢球在抛落过程和随筒体一起转动过程中，钢球对矿粒的破碎作用可能是冲击破碎或者是挤压破碎和研磨破碎或者是它们的混合作用的结果。或者说钢球对矿粒的破碎作用带有随机性，钢球下落或滚动中可能碰到矿粒，也可能碰不到矿粒，所以钢球与矿粒的相碰是随机的；钢球即使碰到矿粒，但能否发生破碎行为也是随机的。也就是说，钢球碰上适宜它破碎的矿粒时可能出现破碎行为，而钢球的能量破碎不了的矿粒，则破碎行为就不能发生。因此，球磨机内的破碎过程实际是一个随机过程。可见，为了寻找破碎规律，就应该研究破碎行为发生的概率；由于在磨矿过程中破碎的力学带有统计规律，要研究清楚钢球破碎矿粒的过程，就应该采用统计力学的方法。

4.2.1 统计物理的研究方法

在物理学中，热力学和统计物理都是研究有关热现象的理论。热力学是宏观理论，统计物理是微观理论，两者不同之处在于其不同的出发点。热力学是研究物体内部热运动规律以及热运动对物体性质的影响，其理论以直接观察到的物体宏观规律性为根据，具有高度的普遍性。它的全部理论支柱是热力学的三个定律。然而，正是由于它具有普遍性，因而不能对特定物质的具体性质做出推断。

统计物理却是从物质的微观结构来研究物体的热运动。统计物理认为一切物体都是由大量数目的微粒（分子和原子）构成，一切微粒做不停息的杂乱运动；于是引入统计学的方法，不一一考虑个别微粒运动，而直接推求极大数目的微粒运动的一些统计平均数量，用来解释从实验中观测到的物体性质（即宏观性质，如温度、压强等）。也就是说，统计物理把宏观量解释为微观量的统计平均值。

总之，由于统计物理是从物质由微观粒子组成的认识出发的，所以它更能洞察物质内在的性质和规律。又由于它应用统计方法，在大量粒子的个体运动与集体表现之间建立了联系，因而它能对宏观的现象做出微观的解释。

统计规律的出现正是由于宏观物体中有大量数目的彼此相互作用的运动粒子，它们的多次彼此"碰撞"，形成了搅乱的位置分布，个别粒子运动的速度方向和大小经常改变，这些改变包含着概率的作用。统计力学处理问题是基于实验事实，即在任一封闭的宏观体系中，经过足够长的时间以后，可以达到一定的与时间无关的状态或构型，这种构型称为平衡态。

说到概率，原来是力学理论中不曾出现的概念，但在大量数目粒子的集体现象中必然出现，这在人类经验中以至精密实验中可以举出许多实例（如掷骰子、抛硬币、洗纸牌、实验误差、产品检验等）。因而对于集体现象来说，力学理论反而只是给出了一个高度理想化的模型，统计理论正是反映客观存在的运动规律。这种概率又称为统计概率。

由此可以看出，统计物理所研究的方法主要基于以下几点：

（1）统计物理是从微观的相互作用出发，不研究单个的原子或分子的作用，而是研究大量原子或分子的一些统计平均量，用来解释从实验中观测到的宏观性质。

（2）统计力学处理的问题的基础是体系趋向平衡态，即在任一封闭的宏观体系中，经过足够长的时间以后，可以达到一定的与时间无关的状态或构型。

（3）处于统计平衡状态的孤立系统，其所有可能的微观出现的概率都是相等的，即等概率原理。

4.2.2　破碎统计力学的研究方法

由于在磨矿过程中，矿粒破碎发生的概率事件取决于钢球碰到矿粒的概率（碰撞概率）及钢球与矿粒碰撞后发生破碎的概率（破碎概率）。因此，仿照统计物理研究的科学方法，破碎统计力学的研究方法主要有：

（1）不研究单个钢球的运动规律，而是通过研究单个钢球对矿粒的破碎作用来研究钢球集合体的破碎行为。

（2）假定磨机在运转一定时间后达到平衡状态，这在生产中也很容易做到，即磨机在稳定运转后，其返砂量、溢流量是稳定的，这时只需维持磨机给矿量不变、矿浆浓度不变、磨机转速率不变、定期补加钢球维持球荷粒度特性不变，就可以保持磨机处于一种平衡状态之下。

（3）在球磨机处于平衡状态时，钢球与矿粒的碰撞概率及破碎概率出现的概率是相等的，满足等概率原理。

4.3　破碎统计力学原理

4.3.1　单一球径组破碎的统计力学

目前，磨机内的介质力学理论只能解释介质的运动学及动力学方面的问题，而在钢球对矿粒的破碎力学方面则不能说明，更不可能说清楚钢球对不同力学性质矿粒作用的差异。根据现有的介质运动学知识，可以调节钢球的能态。也就是说，可以调节钢球破碎力的状态；但是，由于岩矿的破碎力学性质不清楚，无法判明在破碎力作用下矿粒的破碎行为，当然更谈不上调节这种破碎行为了。但由破碎过程可知，钢球对矿粒的碰撞概率及破碎概率是一种随机过程，是一种等概率分布。于是可以用统计力学的方法来研究钢球集合体对矿粒的破碎行为，简称钢球的破碎统计力学。

为研究方便起见，首先从经典概率论的方法来着手，先研究磨机中只装一种直径钢球时的情况。

对一定粒度的一组矿粒群来说，钢球对矿粒的碰撞概率，主要取决于钢球的个数及这一矿粒群在矿浆中所占的固体体积含量；而钢球碰到矿粒后能否发生破碎或者产生过粉碎，则取决于钢球所携带的能量的大小。由第 2 章的分析可知，钢球所携带能量的大小由钢球的直径所决定。也就是说，对破碎一定粒度的矿粒，必须大于某一直径的钢球才能产生破碎。这也是该理论研究中的一个假设条件。而破碎概率能否发生，还应视矿粒的大小而定。因为矿粒越细其强度越高，破碎亦越困难。为消除矿粒大小影响破碎概率的发生，引入选择性破碎函数 S，粒度越细，S 值越小。S 值可根据前人研究结果及实践资料确定。

假设将矿浆中固体颗粒分为 n 个级别，任一级别固体粒子的含量为 $\gamma_{i(固)}$（%），其所对应的选择性破碎函数为 S_i，$\gamma_{i(固)}S_i$ 的乘积表示该级别的破碎概率；能破碎此类矿粒的最小直径为 D_i，其值由式（2-13）精确求出或者由其他球径公式估算出。则对于一种直径 D_m 的钢球（该钢球能有效破碎最大级别的矿料），在一次破碎作用下其所能产生的破碎事件量 P 为：

$$P = \frac{M}{\rho \, \frac{1}{6}\pi D_m^3} \sum_{i=1}^{n} \left[\gamma_{i(固)} S_i \right] \tag{4-14}$$

式中　　P——一次破碎作用下可能产生的总的破碎事件量；

M——球磨机中球荷总质量，在初装球确定时为一定值，或者可由磨机体积与装球率及球的松散密度（堆密度）求得；

ρ——钢球密度；

$\gamma_{i(固)}$——任一级别固体粒子的含量，其值由各级别产率与矿浆中固体体积含量的乘积求出。

由式（4-14）可以看出，公式的前半部分 $\dfrac{M}{\rho \, \frac{1}{6}\pi D_m^3}$（即表示球数的大小）随着 D_m 的减小而变大，而后半部分 $\sum_{i=1}^{n} \left[\gamma_{i(固)} S_i \right]$，则随着 D_m 的减小而减小，由于两者变化的速度不同，所以 D_m 必然有一个最佳值，在此球径作用下一次破碎作用所产生的破碎事件量 P 最大。

4.3.2 混合球径组破碎的统计力学

事实上，只用一种钢球来磨矿的情况不会存在。由于钢球在磨矿过程中逐渐磨损，即使磨机初装球及补加球均为一种直径的钢球，磨机运转后也会形成不同球径的混合球群。这样，研究混合球径组破碎的统计力学原理才更有意义。

若矿浆中固体颗粒仍分为 n 个级别，任一级别的固体含量为 $\gamma_{i(固)}$（%），此级别对应的选择性破碎函数为 S_i，与此级别相对应的能破碎该级别的球径为 D_i，占总球荷质量 M 的比例为 $\gamma_{i(球)}$（%），钢球密度为 ρ，则对于任一配比情况下的装球制度，一次破碎作用下所能产生的破碎事件量 P 为：

$$P = \sum_{j=1}^{n} \left(\frac{M\gamma_{i(球)}}{\rho \frac{1}{6}\pi D_j^3} \sum_{i=j}^{n} \left[\gamma_{i(固)} S_i \right] \right)$$

$$= \frac{M\gamma_{1(球)}}{\rho \frac{1}{6}\pi D_1^3} \sum_{i=1}^{n} \left[\gamma_{i(固)} S_i \right] + \frac{M\gamma_{2(球)}}{\rho \frac{1}{6}\pi D_2^3} \sum_{i=2}^{n} \left[\gamma_{i(固)} S_i \right] + \cdots + \frac{M\gamma_{r(球)}}{\rho \frac{1}{6}\pi D_r^3} \sum_{i=r}^{n} \left[\gamma_{i(固)} S_i \right] +$$

$$\cdots + \frac{M\gamma_{n(球)}}{\rho \frac{1}{6}\pi D_n^3} \gamma_{n(固)} S_n \tag{4-15}$$

或

$$P = \sum_{i=1}^{n} \left(\sum_{j=1}^{i} \frac{M\gamma_{j(球)}}{\rho \frac{1}{6}\pi D_j^3} \right) \gamma_{i(固)} S_i$$

$$= \frac{M\gamma_{1(球)}}{\rho \frac{1}{6}\pi D_1^3} \gamma_{1(固)} S_1 + \left(\sum_{j=1}^{2} \frac{M\gamma_{j(球)}}{\rho \frac{1}{6}\pi D_j^3} \right) \gamma_{2(固)} S_2 + \cdots + \left(\sum_{j=1}^{r} \frac{M\gamma_{j(球)}}{\rho \frac{1}{6}\pi D_j^3} \right) \gamma_{r(固)} S_r +$$

$$\cdots + \left(\sum_{j=1}^{n} \frac{M\gamma_{j(球)}}{\rho \frac{1}{6}\pi D_j^3} \right) \gamma_{n(固)} S_n \tag{4-16}$$

式（4-15）中的通项 $\dfrac{M\gamma_{r(球)}}{\rho \frac{1}{6}\pi D_r^3} \sum\limits_{i=r}^{n} \left[\gamma_{i(固)} S_i \right]$ 表示直径为 D_r 的钢球在一次破碎

作用下可能产生的破碎事件量；式（4-16）中的通项 $\left(\sum\limits_{j=1}^{r} \dfrac{M\gamma_{j(球)}}{\rho \frac{1}{6}\pi D_j^3} \right) \gamma_{r(固)} S_r$ 表示

第 r 级别的矿粒群能被其所破碎的所有钢球群在一次破碎事件中被破碎的事件量。两者公式表现形式有差异，但都表示磨机中一次破碎事件所能产生的总的破碎事件量。同单一球径组破碎的统计力学一样，上述破碎事件总量不但与钢球的直径 D_i 有关，而且与各直径钢球含量 $\gamma_{i(球)}$ 有关。即破碎事件量随着直径 D_i 的减小而增大，随着直径 D_i 钢球含量 $\gamma_{i(球)}$ 的减小而减小。注意到归一化条件 $\sum\limits_{i=1}^{n} \gamma_{i(球)} = 100\%$ ，某一级别的钢球含量 $\gamma_{i(球)}$ 减少或增多，必然引起另一级别钢球含量的增多或减少，因而，破碎事件总量也将随之发生变化。由此必然存在一个钢球的最佳配比，在此配比下磨机中一次破碎事件所产生的总的破碎事件量 P 最大，此时破碎效果最好。

4.4　本章小结

（1）矿石不仅在破碎过程中具有统计现象，而且破碎后的产品粒度分布也具有统计现象。

（2）球磨机内钢球的破碎过程是一个随机过程。此过程包括钢球与矿粒的随机相碰及钢球与矿粒的随机破碎。

（3）破碎统计力学的研究方法借鉴了统计物理的研究方法，即不去研究单个钢球的运动规律，而是通过研究单个钢球对矿粒的破碎作用来研究钢球的集合体的破碎行为。

（4）无论是单一球径还是混合球径组破碎的统计力学，均以钢球在一次破碎作用下所产生的最大破碎事件量 P 时的球径或配比作为最佳球径或最佳配比的依据。

5 破碎统计力学原理在确定球荷特性时的应用研究

5.1 磨矿作业的类型与对球荷特性的要求

磨矿作业，无论应用在哪个部门，从物理现象来看，磨矿都是使物料粒度由大变小的过程。但从磨矿的目的及任务来看，磨矿可大体分为三类：

(1) 以粉碎物料为目的，称为粉碎性磨矿，此种情况下磨矿产品的细度一般越细越好，如水泥熟料的磨碎、颜料、农药和一些精细化工产品的磨碎以及陶瓷原料的磨碎等。

(2) 为了使矿物颗粒暴露出新鲜表面或使性质不同但又互相粘连的矿物颗粒分离的磨矿属于擦洗性磨矿，如选矿中磷矿的洗矿，经擦洗后去除矿物表面的泥质部分后，可提高矿石品位，使矿石品位达到销售要求。建材工业为了使砂子擦洗出新鲜表面所实施的磨矿作业也属于这种磨矿。

(3) 为了从矿石中解离有用矿物并达到一定的粒度的磨矿，称为解离性磨矿，如选矿及湿法冶金中的磨矿。矿石入选前有用矿物和脉石矿物或各种有用矿物之间的单体解离是分选的前提条件，同时，各种选矿方法又受一定粒度的限制，过粗或过细均难以回收。因此，选别作业对磨矿的基本要求是既要使有用矿物充分单体解离，又要尽量避免过粉碎。湿法冶金之前的磨矿也要求有用矿物充分解离及粒度足够细，以利于与碱液或酸液充分接触，加快浸出速度及提高浸出率。另外，在处理非金属矿时，磨矿作业不再是一个准备作业，而是直接加工满足塑料、橡胶、油漆涂料、造纸、陶瓷、耐火材料、胶粘剂、油墨、玻璃、机械、电子等工业领域需要的大量细度为 200~800 目的非金属矿物粉碎产品。

根据磨矿作业方式，磨矿可分为干法和湿法两种，一般以有用矿物单体解离为目的的磨矿作业大多采用湿法；而以直接加工粉体产品为目的的磨矿作业大多采用干法，这种作业又称为粉磨。若根据是否使用研磨介质来分，磨矿作业又分为无研磨介质（如雷蒙磨及旋磨机、涡轮磨、锤磨机等机械冲击式磨矿）和有研磨介质磨矿（如球磨机、振动磨等）。

一般来说，粉碎性磨矿和直接加工磨粉产品的磨矿主要采用干式磨矿作业，而干式磨矿作业的好坏通常又是靠选择适宜的磨矿设备来实现的。此类磨矿设备又称干法磨粉机，如上述的雷蒙磨、离心磨、旋磨机、振动磨、干式球磨机等。除振动磨和干式球磨机使用钢球作为研磨介质外，大多数干法磨粉机均是无研磨介质磨机。因此有"干式磨矿作业只要看设备而不看研磨介质"之说。

擦洗性磨矿是处理与黏土胶粘在一起或含泥多的矿石的湿式磨矿作业，其主要目的是暴露出矿物颗粒的新鲜表面，其主要作用力是以摩擦力研磨为主，以冲击力为辅。因此此类磨矿要求采用小尺寸钢球，降低钢球所携带的能量，以免发生不必要的贯穿破碎。

解离性磨矿是目前金属矿山绝大多数选矿厂采用的一种磨矿作业，通常为湿式作业。很明显，此类磨矿作用的目的就是把有用矿物从脉石矿物中解离出来并为后续选别作业提供合适的粒度。由于磨机给矿粒度一般为 25~0mm，各粒级矿粒的强度大小不一，要求的破碎力也不一样。所以，此类磨矿研磨介质组成应该与其给矿粒度相适应。而为了使有用矿物和脉石矿物充分解离，又要减少磨矿产品中过粗（磨不细）和过细（过粉碎）级别的产率，故精确选择破碎力至关重要。因此，解离性磨矿的球荷特性既要保证破碎力精确，不浪费多余的能量，又要保证球荷配比与磨机给矿粒度相适应。

5.2　球径与破碎行为的关系研究

5.2.1　矿物的变形

现代物理知识告诉人们，一个任意大的物体受到一个任意小的物体的作用力下都会发生变形。因此，矿物受外力作用后也会发生变形。矿物的变形主要有两类：脆性变形和塑性变形。当矿物变形很小即发生破坏时，称为脆性变形；而当矿物变形后不发生破坏，且不再恢复原状时，则称为塑性变形。脆性和塑性是矿物变形的两种状态，但条件发生变化时，两种状态也会相互发生转变。在低温下做充分快的变形时，所有物质皆呈脆性；而在足够高的温度下和足够慢的条件下变形时，则所有物质皆呈塑性。可见，脆性变形和塑性变形的划分也是相对而言的。

脆性和塑性相互转变的条件是温度、加载速度及作用力的大小等。由于矿物的工程破碎几乎都在常温常压下进行，即使破碎中伴随有热量产生及温度升高，也不足以引起变形状态的变化。也就是说，在矿物工程破碎过程中，破碎作用力的大小及加载速度的快慢是使矿物产生何种变形状态的重要因素，调整这两个因素即可调节矿物的变形状态。

5.2.2　矿物的破坏类型

与两种变形状态相对应，矿物也有两种破坏类型：脆性破坏及塑性破坏。此外，还有一种疲劳破坏。疲劳破坏是由应力的多次重复作用引起的。重复应力虽然不大，且达不到材料的抗压、抗拉、抗弯极限强度，但经多次重复作用后却能使材料产生疲劳现象，达到极限时也能产生破坏作用。这种疲劳破坏在长期经受交替应力作用的机械零件中最容易出现。矿物作为一种材料，也具有这一特性，所以即使破碎力不足以使矿物产生脆性破坏和塑性破坏，但在破碎力的反复作用下也会使矿物发生疲劳破坏。

矿物的破坏类型与矿物晶体内的结合键力有关：原子键、离子键型矿物，键力有方向性，离子的位移量小，属变形小的脆性变形，大多数矿物为离子键矿物，故大多数矿物为脆性破坏。分子键及金属键型矿物，可以产生较大的位移而不破坏，分子键有范德华力联结，金属键有自由电子联结，故为塑性破坏。

矿物的破坏类型可以通过调整破碎力的作用频率或强度进行调节，例如采用高频率、高强度的破碎力可使矿物呈脆性破坏；又如破碎力不足虽然也能使矿物产生破碎作用，即疲劳破坏；反之，如果加大破碎力，矿物即由疲劳破坏转为脆性或塑性破坏。可见，矿物的破坏状态是可以调节的。

三种破坏方式所消耗的能量即破坏效率是各不相同的：

（1）脆性破坏——矿物变形小，吸收的变形能小，能量浪费少，破碎的效率高。破碎力大及加载快时一次作用能产生破碎，能量利用率高。

（2）塑性破坏——矿物变形大，吸收的变形能大，能量浪费大，破碎的效率低。如破碎力不足，一次破碎不了，变形能损失掉，造成能量浪费。

（3）疲劳破坏——矿物反复遭受破碎力作用才能破坏，故能量浪费大。

因此，作为矿物的破碎，应选择脆性破坏，而塑性破坏和疲劳破坏则要尽可能避免。

5.2.3　磨机中钢球的破碎行为研究

在金属矿山中，磨机中钢球的运动，粗磨时均采用抛落式。在抛落式工作的磨机中，矿料在圆曲线运动区受到钢球的磨剥作用，在底脚区受到落下的钢球的冲击和强烈翻滚钢球的磨剥作用。也就是说，物料在抛落式工作的磨机中，受到钢球的冲击作用和磨剥作用，并以前者作用为主。而物料的冲击作用与钢球的直径密切相关。钢球直径大，破碎力大，对物料的冲击作用大，物料容易破碎。而钢球直径小，破碎力小，对物料的冲击作用小，难以破碎物料。而细磨时多采用泻落式运动，钢球以研磨为主，并辅以轻微冲击作用。

另外，从矿物的破坏类型来看，希望选择脆性破坏。而选择与脆性破坏相对应的破碎力应该满足：力足够大；作用频率高（因为矿物抗高频作用的能力差，高频作用可引起矿物的强度的降低。冲击式破碎及振动磨效率高，即是高频作用的结果）。反映在统计力学原理上，就是要求保证钢球尺寸的大小和钢球的个数。保证钢球尺寸的大小，就是要保证破碎力的大小，破碎力太大，易使矿粒产生贯穿破碎及过粉碎，消耗能量多。破碎力太小，一次作用又不会使矿粒产生破碎，需要反反复复地作用在矿粒上使其产生疲劳破碎，这种情况也严重浪费能量。这两种情况均是应该避免的。最理想的情况是使破碎力精确，保证破碎沿着不同矿物晶体界面上发生。这不仅可以增加矿物和脉石矿物的解离，增大矿物的选择性解离概率，使磨矿产品的单体解离度好，而且有利于后续选别作业，降低能量消耗。关于精确选择球径尺寸的方法已经得到解决，这就是段氏半理论公式。

保证钢球的个数就是保证钢球的打击次数，即保证钢球与矿粒之间的碰撞概率。碰撞概率是发生破碎概率的前提。钢球与矿粒的碰撞概率高，只要钢球尺寸能够满足破碎力的要求，发生破碎的概率就高；反之，若钢球与矿粒的碰撞概率小，发生的破碎概率也小。随着钢球直径的减小，钢球与矿粒之间的破碎概率也逐渐减小，而碰撞概率却是增大的。所以要使最终破碎事件量最大，在打击力精确的情况下，要保证钢球有足够的数量。如果打击力不够，即使钢球的数量再多，其发生的破碎事件量也不会是最佳的，尽管钢球的碰撞概率会影响总的破碎事件量的发生。ϕ9mm 钢球尺寸一次发生的破碎事件量比 ϕ6mm 钢球尺寸一次发生的破碎事件量要高，其原因就在于此。

在实际磨矿中，钢球尺寸不会是单一的，而是一个混合球径群。这种装球制度的基本思想是：某一级别的球径产率应与其破碎的最适宜矿粒产率一致，遵循"大球打大块，小球磨小块"的原则。从破碎统计力学原理来看，这可保证各级别的矿粒能得到相应的打击次数。所以就不难理解，不同的装球制度，其发生破碎事件量是不一样的。

因此，根据后续选别作业的要求，可以调整球径的大小及配比，就能改变磨机内矿粒破碎的概率分布，也就能调节磨矿产品质量。如想增大某粒级范围内矿粒的破碎效果，就应增大适宜于破碎该粒级钢球尺寸的比例。具体地说，如想加快硬矿物及粗矿粒的磨碎速度，就必须加大大球的比例，采用过大球制度；如想加快软矿物的磨碎速度或细粒级的磨碎速度，就必须加大小球的比例，采用过小球制度。金属矿磨矿中，矿物一般呈不均匀嵌布，需要磨细的各级别均需要破碎及磨细，为保证各级别均能有效磨细及解离，钢球直径的配比应保证钢球产率与其相适应的矿粒群级别产率相一致，不偏重或弱化某个级别，以利于整个磨矿过程。

5.3 球径与破碎概率的关系研究

5.3.1 单一球径组与破碎概率的关系研究

在第4章研究了单一球径组作用下的破碎统计力学，并推导出单一球径组在一次破碎力下的可能发生破碎事件量的公式。为了寻找单一球径组在什么情况下破碎概率事件量最好，现以实验室的试验为例加以说明。

现用球荷质量近于相等的6组单一球径钢球，在磨矿条件相同的情况下，破碎粒度组成相同的同一矿料，钢球的工作特征见表5-1，矿料的粒度组成见表

5-2。矿料的密度为 3.46g/cm³，矿浆的密度为 1.86g/cm³，矿浆中各级别固体体积含量列于表 5-2 中。

表 5-1　6 组钢球的工作特征

球径/mm	球荷重/g	单个球重/g	球数/个	球荷表面积/cm²
30	5280	110	48	1244
25	5248	64	82	1453
20	5297	32.7	162	1821
14	5298	11.2	473	2737
9	5298	3.0	1766	4470
6	5280	0.88	6000	6786

表 5-2　矿料粒度组成

粒级/mm	粒级平均粒度/mm	粒级产率/%	矿浆中固体体积含量/%
1.5~0.4	0.95	1.41	0.49
0.4~0.3	0.35	1.96	0.69
0.3~0.2	0.25	8.42	2.95
0.2~0.15	0.175	14.85	5.20
0.15~0.1	0.125	17.21	6.02
0.1~0.076	0.088	28.33	9.92
-0.076	0.038	27.82	9.73
合计	—	100.00	35.00

根据对矿料细磨时钢球尺寸的选择研究结果，表 5-2 中各级别按平均粒度计算所需要的最适宜球径及破碎选择函数，参照一些资料所选取的数值分别为：

粒级平均粒度/mm	0.95	0.35	0.25	0.175	0.125	0.088	0.038
所需球径/mm	29.16	15.43	12.45	9.92	8.00	6.40	3.70
破碎选择函数 S（小数）	0.35	0.30	0.25	0.20	0.15	0.10	0.05

根据假设，只有选定的钢球尺寸大于所需球径时，破碎才能发生；小于所需球径时，破碎不能发生。6 组不同直径的钢球分别碰到各级别矿粒时可能产生的破碎事件量列于表 5-3 中。

表 5-3　6 组钢球在一次破碎作用下所可能产生的破碎事件量

球径/mm	级别破碎概率 $[\gamma_{i(固)}S_i]$ /%							$\sum_i[\gamma_{i(固)}S_i]$	球数/个	可能产生的总的破碎事件量/个
	0.95	0.35	0.25	0.175	0.125	0.088	0.038			
30	0.17	0.21	0.74	1.04	0.90	0.99	0.49	4.54	48	2.18
25	—①	0.21	0.74	1.04	0.90	0.99	0.49	4.37	82	3.58
20	—	0.21	0.74	1.04	0.90	0.99	0.49	4.37	162	7.08
14			0.74	1.04	0.90	0.99	0.49	4.16	473	19.68
9	—	—	—	—	0.90	0.99	0.49	2.38	1766	42.03
6							0.49	0.49	6000	29.40

① "—"表示无破碎行为。

从表 5-3 可以看出，大尺寸钢球的直径大，破碎力大，加之其破碎选择函数大，故破碎矿粒的破碎概率大，$\sum_i[\gamma_{i(固)}S_i]$ 随着球径的减小而减小；另外，由于球荷总质量基本保持不变，大尺寸钢球的个数少，击中矿粒的概率（碰撞概率）相对也就小。小尺寸钢球则相反。而破碎事件量的大小则由钢球与矿粒的破碎概率和碰撞概率两个方面共同决定。因此，某球径作用下产生的破碎事件量并不与球径的大小呈直线关系，而是呈曲线规律，如图 5-1 所示。

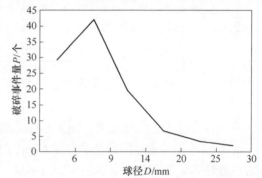

图 5-1　球径与破碎事件量大小的关系

由图 5-1 可以看出，曲线拐点处所对应的球径应是最佳球径。在此球径作用下发生的破碎事件量最大。

为了验证球径与破碎概率的关系是否遵循上述规律，在实验室里将 6 组不同直径的钢球依次装入不连续磨机，做磨碎试验，分别对 10min、7.5min、5min 三种不同磨矿时间下的磨碎结果做考察。每份矿料 500g，磨矿浓度 65%。矿料中原来含有-200 目的量占 27.82%，过粉碎级别的含量占 0.20%。各组钢球在 3 种不同磨矿时间下的磨碎结果列于表 5-4 中。

表 5-4 中的磨碎结果说明：

（1）各组钢球的破碎效果与钢球一次破碎作用下可能产生的破碎概率有关。一般来说，破碎概率小的磨不细产率大，概率大的磨不细产率小，新生合格粒级产率（扣除磨不细的及过粉碎粒级后的产率为合格粒级产率）也随着破碎概率的增大而增大。

表 5-4　6 组钢球尺寸的磨碎结果

球径/mm 比较项目	30	25	20	14	9	6	磨矿时间/min
磨不细（+200 目）产率/%	26.61	20.65	17.37	11.04	9.76	17.59	10
新生-200 目产率/%	45.57	51.53	54.81	61.14	62.42	54.59	
新生过粉碎（-19μm）产率/%	20.54	22.36	24.38	28.24	26.20	31.51	
新生合格粒级（76~19μm）产率/%	25.03	29.17	30.43	32.90	36.22	23.08	
磨不细（+200 目）产率/%	33.81	30.74	25.29	20.33	18.51	25.25	7.5
新生-200 目产率/%	38.37	41.44	46.89	51.85	53.67	46.93	
新生过粉碎（-19μm）产率/%	17.07	18.30	19.96	24.23	22.48	25.22	
新生合格粒级（76~19μm）产率/%	21.30	23.14	26.93	27.62	31.39	21.71	
磨不细（+200 目）产率/%	44.14	40.90	38.17	36.36	32.39	33.33	5
新生-200 目产率/%	28.04	31.28	34.01	35.82	39.21	38.85	
新生过粉碎（-19μm）产率/%	11.86	14.26	16.74	17.44	17.20	19.01	
新生合格粒级（76~19μm）产率/%	16.18	17.02	17.27	18.38	22.01	19.84	

（2）一定粒度的物料在磨碎时，总存在一个最适宜的球径值，在最适宜球径作用下破碎的概率最大，磨不细的产率最小，合格粒级的产率也最大，磨矿效果最好。这个结果也恰好说明了图 5-1 所反映的一般规律。

（3）当小于最适宜的球径时，如 6mm 球径的球组，由于每个球的质量较小，携带的能量不大，使每个球的破碎能力不足，故磨不细的产率增大。这时尽管由于球数多而有较高的碰撞概率，但破碎多发生在细级别中，过粉碎级别量最大就证实了这一点。

以球介质直径为横坐标，以新生合格粒级产率为纵坐标，利用表 5-4 中的数据作图，如图 5-2 所示。

图 5-2 说明：

（1）对一定粒度的物料而言，由于其破碎效果受钢球与矿粒的碰撞概率和破碎概率的影响，因而破碎效果并不是人们想象中的那样"钢球直径越大，破碎效果就越好"。

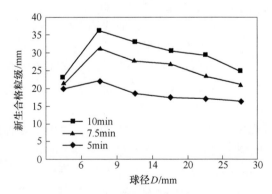

图 5-2　不同球径下的磨碎效果

（2）三种不同的磨矿时间都证明，只要满足打击力足够（即满足破碎概率能发生）再辅以适当的球数（即增大钢球与矿粒的碰撞概率），在此球径作用下破碎效果最好。

（3）随着磨矿时间的延长，矿粒与钢球之间的碰撞概率越来越大，因而矿粒受到钢球的破碎的概率也就越大，所以新生合格粒级就越多，曲线随着磨矿时间的延长而上移，正好说明了这一点。

5.3.2 混合球径组与破碎概率的关系研究

单一球径组磨碎试验表明，在不同球径的球组中以最适宜的球径组效果为最好。但在实际磨机中的球荷，并不存在单一球径球荷的情况。因为无论最初装球时是装多种直径的球还是只装一种直径的球，也无论补加球是补多种球还是只补一种直径的球，球荷在磨矿过程中的磨损都会形成不同球径的混合球群。这样，研究混合球径组与破碎概率的关系，更能接近生产实际情况。

混合球径组中的球径比例通常可分为三种情况：

（1）大球比例偏高的配比，即过大球制度。

（2）由各级别矿粒的最适宜球径组成的配比，即适宜球制度。

（3）小球比例偏高的配比，即过小球制度。

现考察 3 种配比在一次破碎作用下可能发生的破碎概率。

在一台球荷总质量保持不变的磨机中，给矿粒度为 4～0.3mm，矿石密度为 5.0g/cm³，矿浆浓度为 65%，矿浆固体体积含量为 26.90%。根据给矿粒度的组成，分别做了适宜配比、大球偏大配比和小球偏多配比试验，具体配比见表 5-5。

表 5-5 钢球配比组成

球径/mm	φ40	φ26	φ15
大球偏大配比/%	60	30	10
适宜配比/%	30	40	30
小球偏大配比/%	10	30	60

矿料粒度组成及其产率、适宜破碎钢球直径、选择破碎函数和矿浆固体体积含量如下：

矿料粒度组成/mm	4～3	3～2	2～1	1～0.5	0.5～0.3
级别产率/%	15	15	20	20	30
适宜破碎钢球直径/mm	40	40	26	26	15
矿浆固体体积含量/%	4.04	4.04	5.38	5.38	8.07
选择破碎函数（小数）	0.50	0.40	0.30	0.20	0.10

在 3 种球径配比下各粒级的破碎概率分配见表 5-6。

从表 5-6 可以看出，混合球径组的破碎概率分布与单一球径组作用下所呈现出来的规律是一致的，甚至可以看成是各单一球径组作用下的线性叠加。在混合

表 5-6　3 种钢球配比下各粒级的破碎概率分配

球径 /mm	配比 /%	在一次破碎过程中各粒级可能发生的破碎事件数/个					合计
		3.5	2.5	1.5	0.75	0.40	
ϕ40	60	29.09	23.33	23.18	15.55	11.66	102.81
ϕ26	30	—	—	41.06	27.45	20.66	89.26
ϕ15	10	—	—	—	—	35.19	35.19
合计	100.00	29.09	23.33	64.24	43.09	67.41	227.26
ϕ40	30	14.55	11.66	11.59	7.78	5.83	51.41
ϕ26	40	—	—	54.74	36.72	27.54	119.00
ϕ15	30	—	—	—	—	105.58	105.58
合计	100.00	14.55	11.66	66.33	44.50	138.95	275.99
ϕ40	10	4.85	3.89	3.86	2.59	1.94	17.13
ϕ26	30	—	—	41.06	27.54	20.66	89.26
ϕ15	60	—	—	—	—	211.16	211.16
合计	100.00	4.85	3.89	44.92	30.13	233.76	317.55

注：矿料各粒级的最适宜破碎钢球直径的确定见第 3 章。

球径组中，由于各直径钢球配比不同，大球偏多的配比对破碎粗级别的破碎概率要大得多，而小球偏多的配比对细级别的破碎概率要大得多，往往由于小尺寸钢球的个数多，最容易影响整个球荷作用产生的破碎概率分布。

为了验证此 3 种配比制度在实际磨碎时的效果，在磨矿条件相同的情况下进行了实验室磨矿研究。其磨碎结果列于表 5-7 中。

表 5-7　三种钢球配比下的磨碎结果

比较项目　　　　　装球制度	d_{max} /mm	$\bar{d_i}$ /mm	$\gamma_{+0.3}$ /%	$\gamma_{0.10\sim0.010}$ /%	$\gamma_{-0.010}$ /%
大球偏多的配比	0.253	0.139	2.60	63.50	1.70
适宜配比	1.356	0.271	8.52	67.56	1.36
小球偏多的配比	2.847	0.477	17.78	66.20	1.56

表 5-7 的磨碎结果说明：

（1）大球偏多配比的装球制度，一方面，由于球径偏大的多，故粗级别的破碎概率高，能够有效地破碎粗级别；另一方面，由于装载量一定，球径偏大后球的个数减少，每一个破碎循环中总的破碎概率下降，而由于球的数量少，特别是适于破碎细级别的球数少，所以细级别的破碎效果差。可见，这种装球制度的磨矿效果是粗级别被破碎的多，产品的最大粒度和加权平均粒度（粗级别对加权平均粒度影响最大）均很低，总的磨碎效果不好，合格细粒的产率低。由于球径过大, 打击力过大, 产生"贯穿"破碎作用大, 这种情况下过粉碎也很严重。

(2) 小球偏多配比的装球制度, 一方面, 由于大球太少, 粗级别的破碎概率低, 不能有效地破碎粗级别; 另一方面, 由于小球数量偏多, 细级别的破碎概率高, 细磨的效果好, 因此, 这种装球制度下产品的粒度差大, 产品的最大粒度和加权平均粒度均是最粗的。然而, 小球量大, 大量地磨碎细级别, 使整个产品的合格细粒含量可能很高, 但过粉碎现象却很严重。

(3) 适宜配比的装球制度, 粗细粒级的破碎概率及磨碎效果均介于上述两种装球制度之间: 粗级别破碎效果不如过大球制度高, 但又高于小球制度; 细级别破碎效果比过小球制度差, 但又比过大球制度好。也就是说, 在这种装球制度下, 粗、中、细粒级均能较有效地被磨碎。所以磨碎效果好, 产品中过粗及过细的均不太多, 按最能有效回收的级别计算的产率可能最高。这种磨矿效果往往是磨矿所需要达到的。

(4) 由于钢球配比不一样, 其所产生的破碎概率和磨矿效果也不一样。因此, 可依实际需要, 通过调整球径的大小和配比来改变磨机内矿粒破碎的概率分布, 从而调整磨矿效果。调整的原则是欲增大某粒级范围内的矿粒的破碎效果, 就应增大适宜于破碎该粒级的钢球尺寸的比例。

5.4 破碎统计力学原理在确定球荷特性中应用的判据

5.4.1 破碎事件量的大小是衡量破碎效率高低的主要判据

从上节的分析可知, 破碎事件量的发生受两方面因素的制约: 一是钢球与矿粒之间的碰撞概率, 二是钢球对矿粒的破碎概率。两者共同决定着破碎事件量的高低。上面还分析过, 碰撞概率与钢球的数量有关, 破碎概率与钢球的尺寸有关。就整个破碎事件量而言, 碰撞概率的影响要高于破碎概率。因为即使钢球尺寸所携带的能量不足以使矿粒产生冲击破碎, 但由于其钢球的数量多, 重复打击矿粒的次数多, 从而使矿粒产生疲劳破碎。此种情况下的破碎往往呈现"两头大, 中间小"的现象, 即粗级别和细级别产率都比较高, 而中间级别含量却很少, 往往这种破碎的合格细粒级的含量也很高。当然, 由于这种疲劳破碎需要消耗许多多余的能量, 在破碎时应该尽量避免。

因此, 有效的破碎应该是钢球尺寸有足够的能量使矿粒发生破碎, 而且有适宜的钢球数量保证钢球有充分的机会与矿粒相碰撞。换句话说, 根据破碎统计力学原理, 利用破碎事件量的高低来作为衡量破碎效率高低的主要判据。利用这个判据, 就能寻找到适宜的钢球尺寸及其数量的多少。

5.4.2 破碎事件量最高的球荷特性是球磨机的最佳球荷特性

球磨机的球荷特性, 即钢球尺寸的大小及其配比, 直接关系到磨机产品质量。表 5-6 说明，在不同的装球制度下，在破碎同一批物料的情况下，其发生破碎事件量是不一样的。根据混合球径组的破碎统计力学原理，其破碎事件量不仅与钢球直径有关，而且与该直径钢球的产率有关。因为不同直径钢球及其配比，所构成的球荷特性不一样，发生破碎事件量也不一样。一旦钢球尺寸选定之后，钢球的配比就决定着破碎事件量的大小。由于整体球荷不变，某一级别所对应的钢球产率增多或减少，同时引起其他级别的钢球产率及这些级别钢球引起的破碎事件量朝相反的方向变化，表 5-6 就反映出这种规律。由此必然存在一个钢球的最佳配比，在此配比下磨机作业中一次破碎事件所产生的总的破碎事件量最大，此时破碎效果最好。或者说，在选定钢球尺寸的大小及其配比所组成的球荷特性的条件下，所获得的破碎效果最好。由此得到破碎统计力学的第二个判据：破碎事件量最高的球荷特性是球磨机的最佳球荷特性。在此球荷特性作业下，破碎效果最好。

5.4.3　有效磨碎的多少是确定最佳球荷特性的重要判据

破碎事件量的高低虽是判别破碎效率高低的主要判据，同时也是判别球荷特性好坏的主要判据，但磨矿中的有效磨碎也是不可忽视的，同样是确定最佳球荷特性的重要判据。所谓有效磨碎指磨不细及过粉碎均少的磨碎。过多的磨不细及过多的过粉碎均是磨矿中要尽量避免的。产生了过多的磨不细及过粉碎均说明磨矿过程不是有效的过程。大量的磨不细必然加大循环负荷量，甚至破坏磨矿过程的正常进行。过粉碎有害无益，愈少愈好。因此，把磨不细及过粉碎均低的有效磨碎作为确定最佳球荷特性的第三个判据是有道理的。

5.4.4　破碎事件量最高是初装球及补球计算的依据

磨机的初装球制度包括钢球尺寸的大小及其配比组成。钢球尺寸的大小由式（2-13）精确求出，以避免出现破碎力太大或太小现象。钢球的最佳配比应考虑到给矿粒度的组成，根据破碎统计力学原理，寻求一个钢球的配比，使其作业产生的破碎事件量最大。这时得到的钢球尺寸的大小及其配比就构成了磨机的初装球制度。

当磨机的初装球运转时，由于钢球逐渐磨损，其球荷特性也就随之发生相应的变化。原先的最佳球荷特性也变得不佳了。为了保持磨机能始终处于最佳球荷状态之下，就必须定期补加相应的钢球来维持这种最佳球荷特性。至于补加何种钢球，比例为多少，这可由钢球所发生的转移概率来求出。于是得到破碎统计力学原理的第四个判据：破碎事件量最高是初装球及补加球计算的依据。

5.5　本章小结

（1）金属矿磨矿作业均是解离性磨矿。与其相适应的球荷特性应该是既要保证破碎力精确，又要保证球荷配比与磨机给料相适应。

（2）通过研究磨机中钢球的破碎行为可知，适时调整球径的大小及配比，能改变磨机内矿粒破碎的概率分布，也就能调节磨矿产品质量。

（3）磨机内钢球的破碎效果受钢球与矿粒的碰撞概率和破碎概率的影响，前者与钢球的个数有关，后者与钢球的大小有关。

（4）破碎事件量的大小是衡量破碎效率高低的主要判据；破碎事件量最高的球荷特性是球磨机的最佳球荷特性，也是初装球及补球计算的依据。

6 球荷的转移概率研究

6.1 钢球的磨损现状

在磨矿过程中，由于钢球与磨料、钢球与衬板、钢球与钢球之间的相对运动，钢球逐渐被磨损。钢球的磨损主要分为机械磨损和化学腐蚀磨损。前者主要是由于冲击、磨剥、摩擦、疲劳等作用所引起的；后者是由于矿浆中离子及化学药剂的作用所引起的。据统计，选矿厂磨矿作业的费用的一半主要是磨矿介质的磨耗，另一半则是能耗。而磨矿作业的费用又占选矿厂生产成本的 50% 以上。一些行业的磨矿机的钢球消耗见表 6-1。因此，降低磨矿介质的磨耗（通常能耗与磨耗成正比。磨耗大，能耗也大；磨耗低，能耗也低），对降低磨矿成本和生产成本有着重大的现实意义。

表 6-1 磨机的钢球消耗

行业	钢铁	有色金属	水泥	电力	化肥	其他
磨矿介质总耗/kt·a^{-1}	173.5	69.0	98.6	27.4	8.0	50
介质单耗/kg·t^{-1}	1.88	1.32	1.34	0.3	0.8	
占比/%	40	16	23	7	2	12

从表 6-1 可以看出，冶金行业的磨矿介质消耗量占所有行业钢球消耗量的一半以上。因此，提高磨矿介质的质量（钢球的材质、形状、加工工艺等）成为当前的研究重点课题。20 世纪 80 年代，首钢首先从热处理工艺着手，推出锻后余热淬火处理钢球（常称锻钢球），随后首钢又推出铸后余热淬火处理铁球（常称铸铁球）。鞍钢借鉴首钢的余热淬火处理工艺后推出轧后余热淬火处理钢球（常称轧钢球）。当时，将这些锻钢球、铸铁球和轧钢球应用于各冶金矿山，仅1981~1986 年各厂矿的磨矿介质分别降耗、节约资金逾千万元。但此类磨球材质品种单一，质量低劣，不耐磨且易破碎，失圆现象明显。为克服磨矿介质的上述缺点，20 世纪 90 年代，又集中在磨矿介质材质优化、热处理工艺优化的研究上。此类研究主要是充分利用地方资源含有多金属的特点，在热处理工艺上做文章，制成了许多优良的耐磨钢球，如云南与首钢共同开发的磷铜钛多金属低合金淬火球，辽宁和吉林开发的含硼铸铁球及铬钒渣生铁合金铸铁球，河北工学院研制的铬钒钛铸铁球，华东冶金学院研制的 ZQ 铬钼钢球等。另外，贝氏体锻球、45Mn2、50Cr 等合金钢球、轴承钢锻球、稀土中锰球墨铸铁球、高（中）铬铸铁

球、低铬铸铁球等磨球也具有良好的耐磨耐腐蚀性能，也备受厂矿青睐。如攀钢用高碳钢球代替低碳钢球，介质磨损量由 1.775kg/t 降到 0.95~1.05kg/t；午汲选厂用铁球代替低碳钢球，介质磨耗量由 1.8kg/t 下降到 0.9~0.8kg/t；用高铬铁球磨细水泥，其磨耗仅为 0.04kg/t，而用 45Mn2 锻钢球磨细水泥，其磨耗为 0.4kg/t，前者仅为后者的 1/10。至于在生产实际中采用何种钢球，应结合磨球的工况条件及进货渠道加以综合考虑，合理地选择处理物料最低介质单耗。工艺上一般认为，粗磨时应选用经过淬火、回火热处理的中、低碳合金钢球，中、高碳钢球，其冲击值为 $1~2kg \cdot m/cm^2$，根据矿石的硬度 $f = 6~16$ 对应钢球的硬度值 AVH 限制在 50~40 范围内；细磨时应选用中档铁球，特别是天然多金属低合金淬火铸铁球，冲击值大于 $0.5kg \cdot m/cm^2$，硬度值限制在 AVH55~45。

通过对磨球的磨损失效分析，尤其是金属矿山的湿式磨矿作业，磨球的磨损机制可归纳为以下几点。

6.1.1 塑变磨损

磨球、衬板与矿浆在相互冲击、滑动或滚动过程中，产生冲击坑、犁沟与凿削，将金属迁移至沟槽和凹坑的外侧，在反复的冲击等的作用下，裂纹萌生与扩展，从而使金属自表面脱落。如果从理论上来计算球磨机的冲击作用，球磨机中磨球的冲击是一个极端危险的受力过程。冲击受力时间短，为 0.1ms 量级；瞬时作用力大，可达 $10^4 MPa$ 量级，远远超过了材料的屈服极限；冲击变形量小，为 0.5~2.5mm，塑性变形层深度为 $100 \mu m$。

6.1.2 切削磨损

磨球与矿石在滑动过程中，坚硬而尖锐的矿石对磨球表面进行切削而形成切削沟槽。

6.1.3 疲劳磨损

在反复冲击载荷下，在磨球亚表层由于冲击产生的应力，接触产生的压应力、切应力的作用而产生疲劳裂纹。裂纹平行表面扩展，并向表层延伸，形成疲劳剥落层，从而使磨球产生剥落。

6.1.4 腐蚀磨损

腐蚀介质和磨料共同作用于钢球表面，造成金属迁移的复杂过程。它与纯腐蚀或纯磨损相比有很大的不同。在实际腐蚀磨损过程中，介质的腐蚀作用和磨料的机械作用总要对磨球的磨损产生一种相互促进作用，腐蚀促进磨损，磨损促进腐蚀，腐蚀与磨损的交互作用是材料腐蚀量增加的根本原因。

从磨球磨损的形貌上看，湿式球磨作业的磨球磨损形貌主要为冲击凹坑和由冲击而导致的龟裂、切削和凿削沟槽以及腐蚀凹坑。这是平时所见钢球的宏观磨损形态。通过对磨球磨损的亚表层研究发现，磨损与钢球的硬度 HRC 和冲击韧性 a_k 有关。表 6-2 列出了磨球的磨损率与磨球的硬度和冲击韧性的关系。

表 6-2　磨球的磨损率与硬度、冲击韧性的关系

材料	高铬铸铁 1	高铬铸铁 2	锰铸铁
$a_k/\mathrm{J \cdot cm^{-2}}$	0. 865	0. 695	1. 29
HRC	60. 8	61. 6	51. 3
磨损率	6.139×10^{-4}	5.972×10^{-4}	9.108×10^{-4}

注：高铬铸铁 1 和高铬铸铁 2，其磨球材料成分不一样；磨矿条件为弱酸性湿磨料；磨损率是磨球总失重与磨球总重之比。

从表 6-2 可以看出，磨球磨损率随着磨球硬度的增加而减少，随着磨球的冲击韧性的减少而减少。但有的文献指出，磨球的硬度过高或过低，都会加剧磨球的磨损。当磨球硬度较低时，一方面切削磨损严重，另一方面大范围的变形引起疲劳磨损；当硬度较高时，白层或白带的出现又导致剥层磨损或剥落磨损，且硬度愈高，剥落磨损愈严重。因此有的认为大磨机内磨球的硬度宜选择53~58HRC。

6.2　影响钢球磨损的因素

在磨矿过程中，尤其是湿式磨矿作业，磨机中磨球的影响因素众多，概括起来主要有以下几个方面。

6.2.1　磨机的影响

6.2.1.1　磨机内径的影响

磨机的内径越大，磨球下落时的冲击力也越大，在其他条件相同时，磨球的磨损也随之增大。

6.2.1.2　磨机转速的影响

磨机的转速率越高，钢球在磨机中的循环次数越多，磨球的磨损越严重。虽然提高磨机转速可以提高磨机的生产能力，但从磨球磨损的角度考虑，过度地提高磨机转速并不可取。表 6-3 所示为 1 台小型球磨机在装球量、装球率和钢球直径不变的情况下，采用提高转速试验的磨矿效果。

表 6-3　小型球磨机提高转速的经济效果

磨机转速 /r·min^{-1}	生产能力 /t·h^{-1}	需用功率 /kW	单位电耗 /kW·h·t^{-1}	单位球耗 /kg·t^{-1}
31	35.3	155	44.0	1.12
27	33.3	130	39.0	0.97

6.2.1.3　磨机内物料填充率的影响

物料填充率（即球料比）与磨球填充率的概念是不同的。研究表明，当物料容积占磨球空隙的一半左右时，磨球磨损最大；当物料恰好填充磨球空隙时，磨球磨损与前者相比降低了45%，当物料容积超过磨球空隙的1倍时，磨球的磨损仅为物料的容积占磨球空隙一半时的1/10左右。又因为磨球的空隙与其级配有关，因此，磨球级配是否合理和给矿是否正常，与磨球的磨损有很大关系。

6.2.1.4　磨机内磨球填充率的影响

磨球填充率 φ 是指磨球加入磨机内的体积与磨机内仓容积之比。研究表明，当 $\varphi = 60\%$ 左右时，磨球磨损最大。对于干磨而言，一般 φ 为 25%~45%，而对于湿磨，一般 φ 的最佳值为 40%~43%。因此湿磨磨球消耗量比干磨大，另一个原因是湿磨下存在严重的矿浆化学腐蚀。

6.2.2　矿浆的影响

6.2.2.1　矿浆 pH 值的影响

矿浆 pH 值反映了矿浆的酸化程度。一般来说，矿浆 pH 值越低，磨球的磨损量越大。由于矿浆 pH 值对磨球腐蚀磨损显著，所以常采用加入石灰、苏打等进行调整。曾对一系列铬系白口铸铁在不同 pH 值的矿浆中进行腐蚀磨损试验，结果是，随着矿浆 pH 值升高，磨损量趋向降低。在酸性矿浆中，降低趋势显著，而在中性、碱性矿浆中，降低趋势平缓。表 6-4 给出了不同的 pH 值对钢球的磨损影响情况。

表 6-4　pH 值对钢球的磨损情况

磨前 pH 值	磨后 pH 值	钢球磨耗/kg·t^{-1}
5.6~5.8	4.5	11.7
8.0	4.9	10.3
10.5	5.8	9.9
11.8	7.6	8.7
12.8	12.1	6.0

6.2.2.2　矿浆浓度的影响

一般想象中，认为矿浆浓度与黏度的增加似乎会使磨球磨损加剧，因为矿浆与磨球的接触概率增大。但是事实并非如此，矿浆浓度与黏度对磨球磨损的作用主要在磨球表面的矿浆涂覆作用。矿浆对磨球表面形成了一层涂覆层，它阻止了磨球与磨球、磨球与衬板之间的相互直接接触，起到缓冲作用。若是矿浆浓度不高，磨球与磨球、磨球与衬板相互接触机会多，磨损量会增大。表 6-5 中的研究结果也证实了矿浆浓度越低，高铬铸铁腐蚀量越大。

表 6-5　矿浆浓度对高铬铸铁腐蚀速率的影响

矿浆浓度	腐蚀速率/g · (m² · h)⁻¹	
（水与石英砂之比）	铸态	淬火态
4∶3	1030.8	1067.2
4∶2	1075.2	1093.6
4∶1	1184.3	1477.6

6.2.2.3　罩盖层厚度的影响

所谓罩盖层厚度就是钢球表面有一层矿浆的厚度。罩盖层厚度直接影响钢球与钢球、钢球与矿粒、钢球与衬板之间的相互接触，从而引起钢球磨损速度和磨矿效果的变化。研究结果表明，当罩盖层厚度较小时，钢球的磨损率较大；随着罩盖层厚度的增大，罩盖层内的矿粒被粉碎的概率增大，磨矿效率提高，而钢球的磨损率减小；当罩盖层厚度超过某一个临界值（称为最佳罩盖层厚度，其值所对应的矿浆体积浓度约为50%）时，罩盖层的黏性阻力对钢球的冲击碰撞起到了缓冲作用，钢球的磨损率也急剧减小，但破碎物料的有效粉碎概率减小，磨矿效率降低。

6.2.3　磨料的影响

6.2.3.1　磨料硬度的影响

磨机中磨料的磨损主要发生在磨球与矿石之间，因此磨球的耐磨性与所研磨矿石的类型有很大关系。Norman 在 1 台 0.9m 直径试验磨机上试验了 3 种硬度的钢球（含 0.8%C），被研磨矿石分别选择相当纯的石英石、长石和方解石，液固比为 4∶3 的砂浆，得出磨球硬度与矿石硬度之间的关系。随着矿石硬度的升高，磨球腐蚀率增加；当磨料硬度超过磨球硬度时，各种不同硬度磨球的腐蚀率均很高；当磨料硬度介于马氏体与珠光体磨球硬度之间时，腐蚀率出现了最大差距。Moroz 在 3.8m 球磨机上试验回火系列 0.9%C 钢球时也发现，矿石有效硬度不同，磨球的磨损率可相差两倍，并认为具有比磨料有效硬度更低的磨球的磨损率随磨球硬度降低而增加；相反，比磨料有效硬度更高的磨球，其磨损率随磨球硬度增加而迅速下降。

6.2.3.2 磨料粒度的影响

S. Mortsellde 的多次试验结果表明，随着矿石的粒度增大，钢球的磨损也逐渐增大。表 6-6 列出了在弱酸性石英砂浆料中进行 24%Cr 高铬铸铁三体腐蚀磨损试验结果。试验表明，随着磨料粒度增大，钢球腐蚀速率增大。

表 6-6 磨料粒度对高铬铸铁磨蚀速率的影响

磨料及其粒度	腐蚀速率/g·(m² · h)⁻¹	
	铸态	淬火态
石英砂 20~40 目	1150. 2	1260. 0
石英砂 40~70 目	1030. 8	1147. 8
石英砂 140 目	671. 2	676. 6

6.2.4 磨球材料的影响

6.2.4.1 磨球直径的影响

磨球的直径越大，做抛落运动时所具有的位能越大，冲击能量越大，磨球所受的撞击力也越大，磨损也就越严重。我国大多数矿山的磨矿介质单耗高，与其所使用的钢球直径大不无关系。而实践也证明了减少磨球直径可以显著地减少球耗、能耗和提高磨矿效率。如某选厂在球磨机中采用 φ30mm 和 φ40mm 小钢球来代替该磨机的 φ60mm 和 φ70mm 大钢球进行的工业试验，结果表明，单位球耗降低 12.85%，磨矿产品-200 目利用系数提高 80.23%，-200 目产品的单位电耗降低 44.5%，磨机效率提高 20.15%。

6.2.4.2 磨球材质的影响

磨球材质一般分为两大类：钢球和铁球。随着处理工艺的不断改进，现在常用的锻钢球与早先问世的热轧碳钢球相比，其硬度和耐磨性均得到大幅度提高。有资料表明，45Mn2 锻钢球的介质单耗仅为低碳钢球的 1/5。而铸铁球由于碎球率高、耐磨性差已不使用，但研究发现在铸铁球中加入镍、铬或锰等金属元素研制成的硬镍铸铁球、高（中）铬铸铁球、稀土中锰球墨铸铁球，它们的硬度高、耐磨性好、碎球率低，已广泛应用于大、中型水泥厂的干式磨矿。其磨耗仅为 50~80g/t 水泥。由于高（中）铬铸铁球的化学腐蚀较严重，在其基础上发展起来的低铬铸铁球，则表现出良好的耐磨性和抗腐蚀性能，但因受处理工艺的影响，碎球率较高。磨球的质量除与化学成分有关外，还与热处理工艺、球的成型技术有关。细化的晶粒、马氏体及贝氏体等高强度晶体的含量大，以及球内无气孔等，球的质量就好。

6.2.4.3　磨球硬度的影响

众所周知，随着磨球硬度的提高，磨损率下降，但并非成正比。当磨球硬度超过一定值时，硬度再提高，其磨损率降低极为微小。同时，硬度的提高，必然导致脆性增大，促使破碎率增大。R. C. D. Richardson 的研究指出，用耐磨系数 ε 作为硬度比（H_m/H_a）的函数，即 $\varepsilon = f(H_m/H_a)$，H_m 为磨球硬度，H_a 为磨料硬度，令 $K = H_m/H_a$，当 $K = 0.8 \sim 1.3$ 时，磨球的耐磨系数 ε 才随其硬度的增大而增大。当 $K > 1.3$ 时，ε 提高并不明显，磨球硬度过高，韧性显著降低，会导致磨球碎裂或剥落。过高的硬度（HRC > 60）会使钢球在磨矿中大量发生回弹现象，影响破碎效果，使生产率降低。

6.2.5　其他影响因素

6.2.5.1　钢球形状的影响

在我国金属矿山的磨矿作业中，粗磨机用的磨矿介质常用球磨，而国外的粗磨机则常用棒磨。尽管钢棒有较大的研磨表面积和较高的充填密度及产品粒度较为均匀，但棒的质量大，冲击力大，使衬板易坏及衬板螺钉易松动漏浆，而且单就钢耗来说，钢棒劣于钢球。因此近年来许多学者都在研究短柱形磨矿介质的使用。其中较有影响的短柱形磨矿介质有柱球、截头圆锥等。实践证明，这些短柱形磨矿介质不但有好的细磨效果（超过钢球的磨矿效果），而且钢耗明显低于钢球，可节省 10% ~ 15%。

6.2.5.2　磨机内气体气氛的影响

通常情况下，磨矿均是在空气中进行湿式磨矿。K. A. Natarajan 研究了磨机内 5 种不同气体气氛中对钢球磨损的影响。研究表明 5 种不同气体气氛中的钢球磨损大小如下：

干式磨矿 < 湿式磨矿（氮气）< 密闭系统湿式磨矿 < 湿式磨矿（空气中）< 湿式磨矿（氧气中）

C. H. Pitt 的研究也证实了有氧气存在能加速钢球的磨损速度。I. Iwasaki 还研究了 3 种不同材质的钢球 MS（低碳钢）、HCLA（高碳低合金钢）和 ASS（奥氏体不锈钢）在 3 种气体气氛 N_2、空气和 O_2 中钢球磨损率的情况。研究结论和 Natarajan 一样，也是在 N_2 气氛中磨损率最低，在 O_2 中最高，而在空气气氛中介于两者之间。K. A. Natarajan 还研究了 pH 值在 N_2 和 O_2 气氛中对钢球磨损的影响，研究结果如表 6-7 所示。

表 6-7　pH 值对钢球的磨损影响（磨矿时间为 90min）

条件	初始 pH 值	磨后 pH 值	球耗/kg·t^{-1}
	8	5.8	6
氮气流	10.5	6.2	5.9
	11.8	8.0	5.5
	5.6~5.8	4.5	11.7
	8	4.9	10.3
氧气流	10.5	5.8	9.9
	11.8	7.6	8.7
	12.8	12.1	6.0

6.2.5.3　助磨剂的影响

在磨矿过程中加入一些化学添加剂后，能够改善磨矿过程，提高磨矿效率，这已为试验研究与生产实践所证实。助磨剂的作用大致有两种，一种是助磨剂可以降低矿物的硬度，有利于矿物的破碎；另一种则是助磨剂能够改变矿浆的流变学性质，降低矿浆的黏度，促进颗粒之间的分散，提高矿浆的流动性。尽管添加助磨剂有上述益处，但却增加了钢球的磨损。I. Iwasaki 的研究证明了在有机相里磨矿比在水相里磨矿，前者的钢球磨损率要多近 80%。他指出，尽管添加助磨剂能够消除钢球的电化学腐蚀，但由于钢球磨损率上升，要谨慎使用助磨剂。

6.2.5.4　防腐剂的影响

加拿大矿物能源技术中心研究了在 pH 值为 2 的酸性矿山用水条件下各种防腐剂防止低碳钢腐蚀作用的情况。几种防腐剂作用效果的顺序是：

正-丁胺、脲、胍基脲硫酸<苯并三唑、十六烷基吡啶氯化物<硫脲<草酸钾

其中，草酸钾的抑制率达 93%。实验室研究表明，防腐剂能降低硫化矿石磨矿中球介质的磨损率。亚硝酸钠、铬酸钠和偏硅酸钠可分别使铜的镍硫化物矿石磨矿中球介质的磨损率降低 49%、46% 和 44%。通过使用一些防腐剂可使赤铁矿石湿磨中钢球的磨损率降低。使用由硅酸钠和亚硝酸钠两成分组成的防腐剂可使球的磨损率降低 39%，这些防腐剂不会影响磨矿和球团的速率。

6.3　磨球的磨损规律

由上述分析可知，磨球的磨损过程十分复杂。磨球的磨损主要与磨球的硬

度、材质、尺寸大小、磨机内径、转速、料球比、给矿粒度分布、矿浆浓度、矿浆 pH 值及磨机内气体气氛等因素有关。目前还没有一个纯理论的磨球磨损规律的数学模型。但许多研究者从各自的研究出发，建立了一些磨损规律的数学模型。主要有以下几种。

6.3.1　戴维斯磨损数学模型

戴维斯最早指出，球的磨损速度与球的质量 G_B 成正比例，即

$$\frac{dG_B}{dt} = -KG_B \tag{6-1}$$

又 $G_B \propto d_B^3$，故上式可写成：

$$\frac{dG_B}{dt} = -Kd_B^3 \tag{6-2}$$

式中，d_B 为球的直径；K 为比例常数。

6.3.2　梅尔谢利（Мертселъ）表面积磨损数学模型

C·K·梅尔谢利提出球的磨损速度与球的表面积 A_B 成比例。故

$$\frac{dG_B}{dt} = -KA_B$$
$$= -Kd_B^2 \tag{6-3}$$

6.3.3　邦德钢球磨损数学模型

邦德提出球的磨损速度与球的直径 $d_B^{2\sim3}$ 成比例。这种模型既考虑到钢球的冲击作用，又考虑到钢球的磨剥作用。现行许多教科书都是以这种磨损模型为基准的，在生产实践中也用其作为补球的依据。

令 D 为钢球直径，t 为时间，W 是一个钢球的质量，$\dfrac{dW}{dt}$ 是磨损速度，则有

$$\frac{dW}{dt} = -KD^n \tag{6-4}$$

或 $dt = -\dfrac{dW}{KD^n}$，即

$$t_{a-b} = \frac{3 \times 4.1}{K(3-n)}(D_a^{3-n} - D_b^{3-n}) \tag{6-5}$$

式中，K 为比例系数，$n = 2\sim3$，根据磨机转速确定。

我国研究人员结合生产实践的数据，计算出上式两个参数的取值，分别为：

$$n = 1.93, \quad K = 0.0166$$

6.3.4 Menacho 和 Concha 钢球磨损数学模型

Menacho 和 Concha 于 1986 年提出了在已知球荷组成的尺寸及其比例的情况下，预测钢球的粒度分布及其球耗。其钢球磨损数学模型为：

$$M(d) = \frac{(d^4 - d_0^4) - \sum\limits_{k=1}^{K} d_k^{-3} m_k (d_0^4 - d_k^4) U(d - d_k) \left(\sum\limits_{k=1}^{K} d_k^{-3} m_k \right)^{-1}}{(d_1^4 - d_0^4) - \sum\limits_{k=1}^{K} d_k^{-3} m_k (d_1^4 - d_k^4) \left(\sum\limits_{k=1}^{K} d_k^{-3} m_k \right)^{-1}} \quad (6\text{-}6)$$

$$C_T^{ss} = \frac{4\kappa W_B^{ss}}{\sum d_k^{-3} (d_0^4 - d_k^4) m_k} \quad (\text{t/h}) \quad (6\text{-}7)$$

$$C_T = \frac{10^6 C_T^{ss}}{Q} \quad (\text{g/t}) \quad (6\text{-}8)$$

式中　$M(d)$——小于直径 d 中钢球的累积质量分数,%;

　　　d_0——通过排矿格子后丢弃钢球的直径，mm;

　　　m_k——通过直径为 m_k 的质量频数;

　　　d_k——球荷组成中级别钢球直径，mm;

　　　U——磨机功率变化率,%;

　　　d_1——磨机中现存最大直径钢球，mm;

　　　C_T^{ss}——稳态下钢球总磨损量，t/h;

　　　κ——磨损率常数，表示单位时间钢球直径的改变量，mm/h;

　　　W_B^{ss}——钢球的总质量，t;

　　　C_T——稳态下钢球单位磨损量;

　　　Q——循环负荷，t/h。

还有学者从钢球的磨损速度出发，研究得出如下介质磨损公式：

$$WR = \frac{R(WS)(CW)}{(D_r - D_d)Q} \quad (6\text{-}9)$$

式中　WR——磨损度，g/t;

　　　R——系数;

　　　WS——磨损速度，μm/h;

　　　D_r——磨机装入钢球的直径，mm;

　　　D_d——磨机排出钢球的直径，mm;

　　　CW——磨矿介质质量，t;

　　　Q——按原矿计的处理量，t/h。

6.3.5　钢球磨损规律的指数数学模型

从叠加原理出发，把钢球的总磨损看作是冲击磨损和磨剥磨损的总和。即磨损符合叠加原理，从而建立了钢球磨损规律的数学模型的另一种形式：

$$D = D_0 \exp\left[-\left(\frac{k_1}{3} + \frac{0.361 k_2}{\rho} \right) t \right] \tag{6-10}$$

式中，k_1、k_2 为比例常数；ρ 为钢球密度。

6.3.6　磨矿介质总体磨损规律数学模型

我国科技人员在生产实践中发现，当磨机规格、磨矿介质及矿石性质确定时，磨矿介质装入越多，单位时间内磨损的介质总量也就越大。于是提出钢球的总体磨损规律的数学模型。

设某时刻磨机内的磨矿介质的总量为 G，该时刻磨矿介质的磨损速率为 $\frac{dG}{dt}$，则有

$$\frac{dG}{dt} = -KG \tag{6-11}$$

式中，K 为比例系数，它与磨矿介质的耐磨性能有关。

对上式分离变量积分得到钢球总体磨损规律数学模型：

$$G = G_0 e^{-Kt} \tag{6-12}$$

此外，还根据生产实践数据，采用优选法用计算机求出系数 $K = 0.05603969$。

为了全面认识磨球磨损规律，通过分析磨球的运动规律可知，当磨球工作时，受到以下力的作用：本身重力；磨球与衬板、磨球与物料、磨球与磨球之间的相对滑动摩擦力，以及磨机旋转时产生的离心力等。在这些力的作用下，使磨球被带动、提升到一定高度下落，介质下落到底部时产生冲击力，对物料进行冲击粉碎，同时在底部下落区介质相互碰撞、换向，又随筒体旋转，由于滚动又产生强烈的研磨力，对物料产生磨剥作用。一般认为，物料的粉碎主要是受冲击力作用和磨剥作用，因而钢球的磨损主要是冲击力磨损和磨剥磨损。大部分的钢球磨损数学模型也只考虑到这两种磨损，式（6-1）～式（6-5）就明显反映了这一点。

然而，金属矿山的磨矿作业绝大部分均是湿式磨矿作业，由于受矿浆 pH 值和钢球材质的影响，钢球还有腐蚀磨损。据有关资料统计，美国每年有 230kt 钢材、中国有数十千吨钢材、全世界有 450kt 钢材消耗于选矿设备的腐蚀磨损，其价值约数亿美元。因此，湿式磨矿作业不能忽视磨球的腐蚀磨损。

还要看到的是，当磨球随磨机筒体运动和做抛落运动时，磨球与磨球、磨球与衬板还会发生相互滑动摩擦力作用。该作用在摩擦表面微观体积上周期性地接触载荷或交变应力，使表面及亚表面由于疲劳而产生裂纹，最后导致钢球剥落和损耗。这种现象也常称为表面疲劳磨损。由于表面疲劳磨损由裂纹产生，可通过提高钢球的硬度和优化磨球的材质来弱化这种磨损。因为磨球的硬度高，裂纹就难以萌生，疲劳磨损寿命就长；在优化材质方面，镍、铬、钛等金属在特殊介质作用下，易生成结合力强、结构致密的钝化膜，可以减轻表面疲劳磨损。同时，在生产实践上，适宜的料球比和高的矿浆浓度也可以弱化这种磨损。但太高的矿浆浓度会降低磨球的冲击力及研磨力。

由此可见，钢球的磨损主要由以下四种磨损组成，即冲击磨损、磨剥磨损、腐蚀磨损及表面疲劳磨损。冲击磨损与磨球质量 W 成正比，磨剥磨损与钢球的表面积的 3/2 次方成正比，腐蚀磨损与被腐蚀面积即球的表面积的 3/2 次方成比例，表面疲劳磨损也与球的表面积的 3/2 次方成比例。

设 L 为总磨损率，L_1 为冲击磨损，L_2 为磨剥磨损，L_3 为腐蚀磨损，L_4 为表面疲劳磨损。根据磨损叠加原理，磨球的总磨损量为这四种磨损之和。即

$$L = \frac{\mathrm{d}W}{\mathrm{d}t} = -(L_1 + L_2 + L_3 + L_4) \tag{6-13}$$

而

$$L_1 = k_1 \times W = k_1 \times \frac{1}{6}\pi D^3 \gamma$$

$$L_2 = k_2 \times S^{3/2} = k_2 \times (\pi D^2)^{3/2} = k_2 \pi^{3/2} D^3$$

$$L_3 = k_3 \times S^{3/2} = k_3 \pi^{3/2} D^3$$

$$L_4 = k_4 \times S^{3/2} = k_4 \pi^{3/2} D^3 \tag{6-14}$$

式中，γ 为磨球的密度；D 为磨球的直径；k_1、k_2、k_3、k_4 为随磨矿条件而变的比例常数。

又

$$W = \frac{1}{6}\pi D^3 \gamma$$

$$\mathrm{d}W = \frac{\pi}{2} D^2 \gamma \mathrm{d}D$$

$$\frac{\mathrm{d}W}{\mathrm{d}t} = \frac{\pi \gamma}{2} D^2 \frac{\mathrm{d}D}{\mathrm{d}t} \tag{6-15}$$

将式（4-26）、式（4-27）代入式（4-25）：

$$\frac{\pi \gamma}{2} D^2 \frac{\mathrm{d}D}{\mathrm{d}t} = -\left(k_1 \frac{\pi \gamma}{6} D^3 + k_2 \pi^{3/2} D^3 + k_3 \pi^{3/2} D^3 + k_4 \pi^{3/2} D^3\right)$$

$$= -\left(k_1 \frac{\pi \gamma}{6} + k_2 \pi^{3/2} + k_3 \pi^{3/2} + k_4 \pi^{3/2}\right) D^3$$

化简得：

$$\frac{\mathrm{d}D}{\mathrm{d}t} = -\left[\frac{k_1}{3} + \frac{2(k_2 + k_3 + k_4)\pi^{\frac{1}{2}}}{\gamma}\right]D \qquad (6\text{-}16)$$

当选定磨球时，其 γ 为一定值，故

$$k = \frac{k_1}{3} + \frac{2(k_2 + k_3 + k_4)\pi^{\frac{1}{2}}}{\gamma} \qquad (6\text{-}17)$$

式中，k 为新的比例常数，随磨矿条件的变化而变化。

则有

$$\frac{\mathrm{d}D}{\mathrm{d}t} = -kD$$

分离变量　　　　　　　　　$$\frac{\mathrm{d}D}{D} = -k\mathrm{d}t$$

解此微分方程得：

$$\ln D = -kt + C \qquad (6\text{-}18)$$

由初始条件可知：当 $t=0$ 时，$D=D_0$，代入式（4-30），得

$$C = \ln D_0$$

则　　　　　　　　　　　　$$D = D_0 e^{-kt} \qquad (6\text{-}19)$$

这就是球磨机中钢球磨损规律的数学模型。它说明钢球的磨损是呈指数形式被磨损的。随着磨矿时间不断延续（即 $t\to\infty$），钢球被逐渐磨损至零（即 $D\to0$），与实际过程非常吻合。式（6-5）、式（6-19）的曲线比较如图6-1所示。

图6-1的曲线说明：

（1）钢球的磨损速度起始时最快，随着磨损时间的延长及球径的减小，球的磨损速度逐渐减小。

（2）钢球的磨损规律与冲击磨损下的磨损规律相一致，说明冲击磨损占较大的比例。

（3）考虑了四种磨损后磨损曲线上移，说明冲击磨损及磨剥磨损占的比例有所下降。

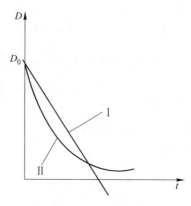

图6-1　$D\text{-}t$ 曲线比较
Ⅰ—式（6-5）的曲线；
Ⅱ—式（6-19）的曲线

若将式（6-19）代入式（6-15），有

$$\frac{\mathrm{d}W}{\mathrm{d}t} = \frac{\pi\gamma}{2}D^2\frac{\mathrm{d}D}{\mathrm{d}t} = \frac{\pi\gamma}{2}D^2(-kD)$$

$$= -3k\left(\frac{\pi\rho\gamma D^3}{6}\right) = -3kW \qquad (6\text{-}20)$$

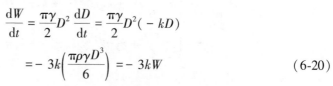

分离变量并积分，得：

$$W = W_0 e^{-3kt} \qquad (6\text{-}21)$$

这说明球荷的质量也是按指数形式被磨损的。

6.4 球荷的转移概率研究

6.4.1 马尔可夫链与转移概率

磨机的球荷粒度特性直接影响着磨矿效率的好坏。当磨机连续工作时，钢球逐渐被磨损，球荷的质量也不断减少，为了补偿球的磨损，保持磨机内的球荷粒度不发生较大的变化，需要按一定的配比定期向磨机添加一定数量的钢球。这就是常说的补球制度。因此，补球制度的好坏，将直接影响到磨矿效果的好坏。

事实上，正如上节分析指出，钢球的磨损呈现出一定的规律，即钢球呈指数形式被磨损。或是说，钢球经过一定时间的磨损后，其球荷粒度分布也应该呈现出一定的规律。由破碎统计力学原理可知，矿石的破碎受钢球和矿粒之间的碰撞概率和钢球与矿粒碰撞后的破碎概率的影响，或者说，钢球能否发生破碎带有随机性，因而钢球的磨损也应该带有随机性的。这从生产实践上也能看出：当同一批相同尺寸的钢球放进磨机内进行破碎矿粒时，经过相同时间的磨矿后，会形成不同球径的混合粒群，而不是相同尺寸的球径。正因为磨损也带有随机性，因而可以用马尔可夫过程来描述钢球磨损的随机性。

由数学知识可知，随机过程就是一簇无穷多个随机变量族 $\{X(t), t \in T\}$（T 为参数集）。若一个随机过程 $\{X(t), t \in T\}$ 满足下列条件：

（1）参数集 T 是离散的；

（2）对应于每一个 $t \in T$，随机变量 $X(t)$ 是离散型的；

（3）对任意的 $t_1 < t_2 < \cdots < t_r < t \in T$，只要

$$P\{X(t_1) = i_1, \ X(t_2) = i_2, \ \cdots, \ X(t_r) = i_r\} > 0$$

总有

$$P\{X(t) = j \mid X(t_1) = i_1, \ X(t_2) = i_2, \ \cdots, \ X(t_r) = i_r\}$$
$$= P\{X(t) = j \mid X(t_r) = i_r\} \qquad (6\text{-}22)$$

则称随机过程 $\{X(t), t \in T\}$ 为马尔可夫（Markov）链。若 $X(t)$ 是连续型随机变量，则称其为马尔可夫过程。马氏链的重要特性反映在式（6-22）中，如果把 $X(t)$ 的参数 t 看作时间，可视 t_r 为"现在"，则大于 t_r 的 t 便是"将来"，而小于 t_r 的 t_1，t_2，$\cdots$，t_{r-1} 都属于"过去"，于是式（6-22）可表述为：在现在 $X(t_r) = i_r$ 已知的条件下，$X(t)$ 将来的情况与过去的情况无关，只依赖于现在发生的事件 $X(t_r) = i_r$。条件概率

$$P\{X(t) = j \mid X(t_r) = i_r\} \qquad (6\text{-}23)$$

表示马氏链在时刻 t_r 处于状态 i_r 的条件下，于 t（$t > t_r$）时刻处于状态 j 的概

率，也称其为状态转移概率。一步转移概率为

$$P_{ij}(t_r) = P\{X(t_{r+1}) = j \mid X(t_r) = i\} \quad i, j \in I \tag{6-24}$$

式中，I 为状态空间。

若一步转移概率与 r 无关，则称其为齐次马氏链，即

$$P\{X(t_{r+1}) = j \mid X(t_r) = i\} = P\{X(t_{s+1}) = j \mid X(t_s) = i\} \tag{6-25}$$

其一步转移概率为

$$\{P_{ij}\}_{i,j\in I} = \begin{bmatrix} p_{11} & p_{12} & p_{13} & \cdots \\ p_{21} & p_{22} & p_{23} & \cdots \\ p_{31} & p_{32} & p_{33} & \cdots \\ \vdots & \vdots & \vdots & \vdots \end{bmatrix} \tag{6-26}$$

式中，$P_{ij} \geq 0$ $i, j \in I$，$\sum\limits_{j\in I} P_{ij} = 1$ $i \in I$。

马尔可夫链及转移概率已应用到许多领域，如经济学中用来作为经济预测（如市场预测及平均利润预测）、地层剖面上的岩性序列分析、货物储存系统以及在重选的流膜选矿中的应用和在磨煤机钢球磨损中的应用等。

6.4.2 钢球磨损的转移概率研究

因为钢球磨损是一个随机过程，并由实践可知，钢球磨损只与其现在所处的状态（即现在的球荷粒度特性）有关，而与其以前所处的状态无关。也就是说，钢球转移到下一步的球荷粒度特性只与现在的球荷粒度特性有关，而与以前的球荷粒度特性无关，球荷粒度特性满足马尔可夫链的条件。

下面介绍钢球磨损的转移概率的求法。

设磨机中额定载球量为 W，定期装入的球荷由 n 种尺寸的球构成：D_1，D_2，$\cdots$，D_n，在这 n 种球荷中，球的粒度从 D_1 到 D_n 逐渐减少，即 $D_1 > D_2 > \cdots > D_n$，各级别装球质量分别为 W_1，W_2，$\cdots$，W_n，则其装球级配为：

$$\begin{cases} x_j = w_j / w \\ j = 1, 2, \cdots, n \end{cases} \tag{6-27}$$

很明显，上式满足 $\sum\limits_{j=1}^{n} x_j = 100\%$。

磨机运转后钢球会按一定的规律磨损，并达到稳态工作状态。所谓稳态工作状态是指经过有限个补加球周期后，首次装入的钢球已全部消耗殆尽，而在以后的每一个补加周期内，钢球补加量与钢球消耗量开始趋于定值，并且相等。这时的磨机便开始工作在周期性的平稳状态之下。德国学者还计算出当补加钢球的总质量达到最初的额定装载量的 4 倍时，初装球就全部被磨完。

当磨机开始达到稳态工作状态时，磨机内球荷的粒度组成为：

$$
\begin{array}{ccc}
\text{球的粒度级别} & \text{球的直径} D & \text{重量比例（\%）} \\
1 & D_1 \geqslant D > D_2 & y_1 \\
2 & D_2 \geqslant D > D_3 & y_2 \\
\vdots & \vdots & \vdots \\
n & D_n \geqslant D > 0 & y_n
\end{array}
\tag{6-28}
$$

$$
\sum_{i=1}^{n} y_i = 100\%
$$

或者每个级别的尺寸由这个级别的中间直径 d_i 表示，如

$$
\begin{cases}
d_i = (d_{i\max} - d_{i\min})/2 \\
i = 1, 2, \cdots, n
\end{cases}
\tag{6-29}
$$

把定期加入磨机中的各尺寸钢球的质量比例组成向量 $\{x_j\}$，稳态工作时磨机内各粒级钢球质量比例组成向量 $\{y_i\}$，则

$$
\{x_j\} = \{x_1, x_2, \cdots, x_n\}^{\mathrm{T}}
$$

$$
\{y_i\} = \{y_1, y_2, \cdots, y_n\}^{\mathrm{T}}
$$

利用"黑箱"理论（如图 6-2 所示）将 $\{x_j\}$ 和 $\{y_i\}$ 联系起来，即钢球磨损的稳态数学模型为：

$$
\{y_i\} = [P_{ij}(t)] \cdot \{x_j\}
\tag{6-30}
$$

式中，$[P_{ij}(t)]$ 为一个下三角阵。

或写成

$$
\begin{Bmatrix} y_1 \\ y_2 \\ \vdots \\ y_n \end{Bmatrix}
=
\begin{bmatrix}
p_{11}(t) & O & \cdots & O \\
p_{12}(t) & p_{22}(t) & \cdots & \vdots \\
\vdots & \vdots & \ddots & \vdots \\
p_{n1}(t) & p_{n2}(t) & \cdots & p_{nn}(t)
\end{bmatrix}
\begin{Bmatrix} x_1 \\ x_2 \\ \vdots \\ x_n \end{Bmatrix}
\tag{6-31}
$$

式中，$P_{ij}(t)$ 为钢球的转移概率，表示定期加入磨机的直径为 D_j 的钢球磨损成第 i 级钢球的概率；t 为补充介质的周期。

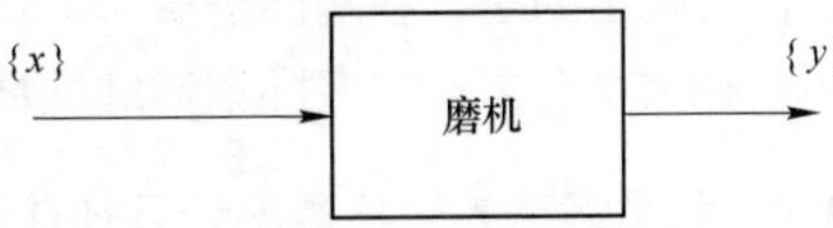

下面介绍 $[P_{ij}(t)]$ 阵中的各元素值的理论计算。

图 6-2 介质磨损黑箱

设经过一个介质补充周期 t 就向磨机中添加直径为 D_j、质量为 W_j 的新球，则定期加入的直径为 D_j 钢球的总质量可用下列数列的总和来计算

$$
W_{j\Sigma} = W_j + W_j e^{-3kt} + W_j e^{-6kt} + \cdots
$$

即

$$
W_{j\Sigma} = \frac{W_j}{1 - e^{-3kt}}
\tag{6-32}
$$

从直径为 D_i，质量为 W_i 的球开始直到直径为零的球为止，即直径小于 D_i 的

球的总质量 $W_{i\sum}$ 可用下式计算：

$$W_{i\sum} = W_i + W_i e^{-3kt} + W_i e^{-6kt} + \cdots$$

即
$$W_{i\sum} = \frac{W_i}{1 - e^{-3kt}} \tag{6-33}$$

同理，直径小于 D_{i+1} 的球的总质量为：

$$W_{i+1\sum} = \frac{W_{i+1}}{1 - e^{-3kt}} \tag{6-34}$$

故

$$P_{ij} = \frac{W_{i\sum} - W_{i+1\sum}}{W_{j\sum}} = \frac{W_i - W_{i+1}}{W_j} \quad (j \leqslant i) \tag{6-35}$$

若将球的质量换成当量直径，则有

$$P_{ij} = \frac{D_i^3 - D_{i+1}^3}{D_j^3} \quad (j \leqslant i) \tag{6-36}$$

所以，三角阵 $[P_{ij}(t)]$ 内的元素为：

$$P_{ij}(t) = \frac{D_i^3 - D_{i+1}^3}{D_j^3} \quad (i \geqslant j) \tag{6-37}$$
$$= 0 \quad (i < j)$$

有的学者通过用计算机仿真来研究磨球磨损过程，并求得钢球稳态磨损矩阵 $[P_{ij}(t)]$：

$$[P(t)] = \begin{bmatrix} 0.9898 & 0 & 0 & 0 \\ 0.0094 & 0.9853 & 0 & 0 \\ 0.0006 & 0.0134 & 0.9888 & 0 \\ 0 & 0.0009 & 0.0108 & 0.9884 \end{bmatrix}$$

需要指出的是，在实际磨矿时，钢球直径不可能被磨至 0mm，这与磨机排矿格子孔径大小有关。故实际钢球磨损概率值比用式（6-37）计算的值要低些。

6.4.3　利用钢球的转移概率计算补球参数

6.4.3.1　合理补球的原则

钢球在磨矿过程中，既是研磨体又是被研磨体。因此在磨机运转一定的时间后就必须补充一定比例的钢球，以维持球荷特性处于最佳状态下。合理补加钢球非常重要，其遵循的原则是：

（1）保证补球后磨机中有效钢球含量等于额定装球量；

（2）补球后应使钢球级配更加协调；

（3）优先补加大球。

6.4.3.2　补球参数计算公式

若磨机的初始装球量为 W，其钢球磨损稳态特性矩阵为 $[P_{ij}(t)]$，理想的装球级配向量 $\{x_0\}$ 和实际的装球级配向量 $\{x\}$ 分别为：

$$\{x_0\} = \{x_{10}, \ x_{20}, \ \cdots, \ x_{k0}, \ \cdots, \ x_{n0}\}^{\mathrm{T}}, \ \{x\} = \{x_1, \ x_2, \ \cdots, \ x_j, \ \cdots, \ x_n\}^{\mathrm{T}}$$

经过单位时间 t 后，第 k 级别钢球在磨机中的驻留量与理想配球量之差为 ΔW_k：

$$\Delta W_k = W \cdot (x_{k0} - \sum_{j=1}^{k} P_{kj}(t) \cdot x_j) \tag{6-38}$$

故应补球的总量 ΔW 为：

$$\Delta W = \sum_{k=1}^{n} \Delta W_k \tag{6-39}$$

第 j 级别合理补球量 ΔW_{Bj} 为：

$$\Delta W_{Bj} = \Delta W - \sum_{k=1}^{j-1} \Delta W_k \tag{6-40}$$

补球后钢球级配变为：

$$\begin{cases} x_{Bj} = xj - \Delta W_j/W + \Delta W_{Bj}/W \\ j = 1, \ 2, \ \cdots, \ n \end{cases} \tag{6-41}$$

式中，x_{Bj} 为补球后第 j 级别钢球的配比额。

6.5　本章小结

（1）钢球磨损的影响因素很多，主要有磨机、矿浆、磨料、磨球材质及其他（钢球形状、磨机内气体气氛、助磨剂等）因素的影响。

（2）磨球磨损的数学模型主要有：戴维斯磨损数学模型、梅尔谢利表面积磨损数学模型、邦德钢球磨损数学模型、钢球指数磨损数学模型及磨矿介质总体数学模型等。

（3）根据磨损叠加原理，将磨损量归结为冲击磨损、磨剥磨损、腐蚀磨损及表面疲劳磨损四种磨损之和。在此基础上推导出的钢球磨损规律数学模型为：$D = D_0 e^{-kt}$。此式是计算转移概率的基础。

（4）钢球的磨损是一个随机过程并满足马尔可夫链的条件。其理论转移概率值为：

$$P_{ij}(t) = \begin{cases} \dfrac{D_i^3 - D_{i+1}^3}{D_j^3} & (i \geqslant j) \\ 0 & (i < j) \end{cases}$$

其补球参数计算依照式（6-38）~式（6-41）进行。

7 破碎统计力学原理及转移概率 在金平镍矿中的应用研究

7.1 金平镍矿简介

　　金平镍矿位于云南省金平县营盘乡白马寨，隶属于金平县有色金属矿产公司。金平镍矿选矿厂采用的原则流程主要是二段一闭路破碎流程，一段闭路磨矿流程，一粗二扫三精及 Cu、Ni 分离的浮选流程。其中磨矿作业要求的入磨粒度小于 20mm，溢流细度 70%~75%-200 目。现选厂面临的问题是由于磨矿流程的不完善，只有一段磨矿，导致磨矿产品质量较差，即单体解离度效果差，产品粒度不均匀，过粉碎严重，返砂中中间粒级含量高，磨矿细度达不到要求等。这就涉及如何强化选厂的磨矿作业以改善磨矿产品质量的问题。

7.2 实验室试验研究

7.2.1 研究方法

　　实验室采用的矿石取自金平镍矿选矿厂，按照选矿实验室的试验规则，将矿石破碎至 -3mm 以下备用。实验室采用的不连续磨机 $D \times L$ 为 180mm×200mm 球磨机，转速为 102r/min，转速率为 100%。试验物料的粒度组成见表 7-1。

表 7-1　镍矿粒度组成　　　　　　　　（%）

粒级范围/mm	3~2	2~1	1~0.5	0.5~0.3	0.3~0.2	0.2~0.1	0.1~0.076	-0.076
产率 γ/%	3.39	12.49	28.51	17.54	5.36	14.51	4.12	14.08
需磨碎产率 γ'/%	3.94	14.54	33.18	20.41	6.24	16.89	4.80	—

　　注：需磨碎产率 $\gamma' = \gamma/85.92$，表示扣除 -0.076mm 后的破碎产率。

　　根据式（2-13）和第 3 章中球径与磨矿产品质量关系的研究结果，模拟出 3 种装球制度来考察金平镍矿的磨碎效果。钢球配比见表 7-2。

表 7-2　钢球配比组成　　　　　　　　（%）

球径/mm　　　　装球制度	$\phi40$	$\phi26$	$\phi15$	$\phi9.5$	加权平均球径/mm
过大球制度	15	60	15	10	24.8
适宜球制度	4	50	21	25	20.1
过小球制度	5	15	35	45	15.4

7.2.2　研究结果

在上述 3 种装球制度下，维持磨矿浓度 R 为 65%、磨矿时间为 7.5min 不变，进行磨矿。磨碎后的产品粒度组成特性见表 7-3。

表 7-3　镍矿在各种装球制度下的磨碎产品粒度组成特性

比较项目 装球制度	d_{max} /mm	d_i /mm	$\gamma_{+0.3}$ /%	$\gamma_{0.1\sim0.010}$ /%	$\gamma_{-0.010}$ /%
过大球制度	0.191	0.080	2.14	62.98	17.60
适宜球制度	0.700	0.136	7.40	65.22	16.72
过小球制度	1.502	0.22	14.96	60.30	17.84

从表 7-3 可以看出，3 种装球制度下反映出的磨碎效果总体规律同纯矿物磨碎研究结果是一致的，这反过来说明纯矿物的试验结果是可靠的。过大球制度，其加权平均球径最大，打击力大，破碎粗级别的能力强，但是过粉碎也较重。过小球制度，由于其加权平均球径最小，打击力小，不能有效破碎粗级别，另外，由于球径小，球数多，研磨面积大，磨碎细级别的能力强并且导致过粉碎严重。适宜球制度的加权平均球径介于两者之间，破碎效果最好，其磨碎产品粒度组成特性也是最好的。

7.2.3　3 种装球制度下磨矿产品的单体解离度研究

金属矿山的磨矿作业以解离目的矿物为主要目的。解离效果的好坏直接影响到浮选指标的好坏。为了考察 3 种装球制度对磨矿产品的单体解离的影响，将 3 种装球制度下的磨碎结果进行了粒级分类，并委托地矿部云南省测试中心进行了各粒级下单体解离度的测定。因铜镍粒级细、品位低，为了减少其所带来的误差影响，只详细测定了铜镍矿石中硫化物的粒级解离率，并以此来反映铜镍的粒级解离度的规律。详细结果见表 7-4。

表 7-4　铜镍矿石中硫化物的粒级解离率

装球制度	粒级/mm	硫化物单体 颗粒数	硫化物连生体颗粒数			粒级解离率/%
			1/4	2/4	3/4	
过大球制度	0.5~0.3	53	152	21	8	49.30
	0.3~0.1	1342	442	74	93	86.07
	0.1~0.076	2114	272	67	67	93.30
	0.076~0.019	2095	53	18	23	98.15

续表 7-4

装球制度	粒级/mm	硫化物单体颗粒数	硫化物连生体颗粒数			粒级解离率/%
			1/4	2/4	3/4	
适宜球制度	0.5~0.3	191	253	40	26	65.02
	0.3~0.1	1488	499	90	81	86.59
	0.1~0.076	2178	301	69	56	93.49
	0.076~0.019	2261	54	23	18	98.33
过小球制度	0.5~0.3	104	222	25	23	54.95
	0.3~0.1	1485	529	104	101	85.10
	0.1~0.076	2002	229	82	87	92.45
	0.076~0.019	2295	44	31	23	98.13

从表 7-4 可以看出，各装球制度下的单体解离度随着粒级的变细而逐渐增大，粒级细至 $-19\mu m$ 以下，基本上认为已完全单体解离了；在三种装球制度下，各粒级所对应的单体解离度均为适宜球制度下高，过大球制度下为其次，过小球制度下为最低，其原因是适宜球制度下钢球直径能保证破碎力较为精确，使矿粒能沿矿物之间的结合面解离，因而其解离度最高；过大球制度下的单体解离效果与适宜球制度下的单体解离效果较为逼近，但在相同的单体解离效果情况下，应选择适宜球制度。这是因为适宜球制度下的加权平均直径小，在同样的装载量下，所装的球的个数更多，大大增加了钢球与矿粒之间的碰撞概率；过小球制度下的单体解离效果最差，这是由于在此装球制度下钢球加权平均直径较小、破碎力不够所致，在实际生产中应当避免。

7.2.4 3 种装球制度下对浮选指标的影响研究

7.2.4.1 采用的浮选流程

为了减少人为操作对浮选的影响，实验室里采用的流程较为单一，即采用一粗一扫浮选流程，所获得的精矿为铜镍混合精矿，混合精矿没有进行铜镍分离。采用的浮选流程和药剂制度分别见图 7-1、表 7-5。

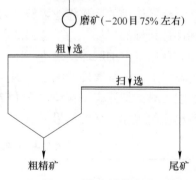

图 7-1 镍矿浮选流程

表 7-5 浮选时采用的药剂制度

药剂种类		水玻璃	碳酸钠	CMC	CuSO$_4$	丁黄药	松油
粗选	用量/g·t^{-1}	300	3000	400	90	60	40
	搅拌时间/min	3	3	3	2	3	1
扫选	用量/g·t^{-1}	200	—	100	40	40	30
	搅拌时间/min	3	—	3	2	3	1

7.2.4.2 浮选指标比较

在浮选过程中，力图使浮选条件维持不变，即入浮浓度、浮选时间及药剂制度等维持不变。3种装球制度下所获得的浮选指标见表7-6。

表7-6 3种装球制度下的浮选指标

指标/% 装球制度	原矿		精矿						尾矿		
	α_{Cu}	α_{Ni}	$\gamma_{精}$	β_{Cu}	β_{Ni}	ε_{Cu}	ε_{Ni}	β_{MgO}	$\gamma_{尾}$	ϑ_{Cu}	ϑ_{Ni}
过大球制度	0.680	1.120	38.30	1.55	2.44	87.30	83.44	8.02	61.70	0.14	0.30
适宜球制度	0.667	1.113	38.78	1.57	2.46	91.28	85.71	7.84	61.22	0.095	0.26
过小球制度	0.679	1.112	35.76	1.54	2.39	81.10	76.86	8.20	64.24	0.20	0.40

由表7-6可以看出，由于三种装球制度下的磨碎产品粒度组成特性的不同（见表7-3），导致其浮选结果差异较大。在入浮铜、镍品位基本一致的情况下，由于适宜球制度下的易选合格粒级（$\gamma_{0.1\sim0.01}$）的产率最高，因而精矿产率也高。而由表7-4可知，由于适宜球制度下的单体解离效果最好，又导致精矿中的铜、镍品位是最高的，故铜、镍的回收率也是最高的；这似乎与常规浮选下的规律相悖，常规浮选下精矿品位的提高是以降低回收率为代价的。但在适宜球制度下，在精矿产率相近的情况下，精矿品位和回收率都得到提高，这是优化磨矿产品质量的结果。

3种装球制度下的精矿中MgO含量也是适宜球制度下含量最低，过大球制度下较高，过小球制度下最高，这亦是由于3种装球制度下单体解离效果造成的，或者说由于适宜球制度下的破碎力精确，使破碎沿矿物之间的结合面进行，减少了易泥化的绿泥石、蛇纹石、滑石等硅酸盐矿物的破碎，所以MgO含量最低。

7.3 工业磨机初装球制度研究

7.3.1 选厂磨矿循环各产品粒度组成特性研究

金平镍矿磨矿采用一段闭路磨矿循环作业（见图7-2）。该循环中共有4种产品：磨机给矿、磨机排矿、分级溢流和分级返砂。溢流各产品粒度组成特性分别见表7-7~表7-10。

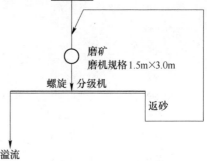

图7-2 磨矿分级循环作业

表7-7 磨机新给矿粒度组成特性

粒级/mm	G/kg	γ/%	$\Sigma_{上}$/%	$\Sigma_{下}$/%
+20	0.4	0.59	0.59	100.00
20~15	9.0	13.27	13.86	99.41

粒级/mm	G/kg	γ/%	$\Sigma_{上}$/%	$\Sigma_{下}$/%
15~12	12.9	19.03	32.83	86.14
12~9	16.9	24.92	57.81	67.11
9~6	5.1	7.52	65.33	42.19
6~3	8.4	12.39	77.72	34.67
3~2	2.14	3.16	80.88	22.28
2~1	2.92	4.31	85.19	19.12
1~0.5	2.69	3.97	89.16	14.81
0.5~0.2	2.34	3.45	92.61	10.84
0.2~0.1	2.10	3.10	95.71	7.39
0.1~0.076	1.07	1.58	97.29	4.29
-0.076	1.84	2.71	100.00	2.71
合计	67.8	100.00	—	—

注：磨机给矿中-0.076mm粒级产率有些偏低，与原矿包装运输中微细粒级的损失有关，但不影响
钢球尺寸确定。

由表中数据可以求得：$D_{max} = 18.34mm$；$\bar{d} = 8.95mm$（按95%过筛粒度）。

表 7-8 磨机排矿粒度组成特性

粒级/mm	G/kg	γ/%	$\Sigma_{上}$/%	$\Sigma_{下}$/%
20~16	180.0	3.46	3.46	100.00
16~10	369.0	7.10	10.56	96.54
10~5	211.0	4.06	14.62	89.44
5~2	96.1	1.85	16.47	85.36
2~1	113.6	2.18	18.65	83.53
1~0.5	375.7	7.23	25.88	81.35
0.5~0.2	1432.6	27.55	53.43	74.12
0.2~0.1	1080.0	20.77	74.20	46.57
0.1~0.076	314.6	6.05	80.25	25.80
-0.076	1026.0	19.75	100.00	19.75
合计	5200.0	100.00	—	—

注：磨机排矿中-0.076mm粒级产率仍偏低，而+16mm粒级产率又可能偏大，这与取样时无法做到横
流截取有关。

由表中数据可以求得：$D_{max} = 14.70mm$；$\bar{d} = 2.14mm$。

表 7-9 分级返砂粒度组成特性

粒级/mm	G/kg	γ/%	$\sum_{上}$/%	$\sum_{下}$/%
20~16	114.0	1.03	1.03	100.00
16~10	542.0	4.88	5.91	98.97
10~5	402.0	3.62	9.53	94.09
5~2	236.0	2.13	11.66	90.47
2~1	333.0	3.00	14.66	88.34
1~0.5	1040.0	9.37	24.03	85.34
0.5~0.2	4057.0	36.55	60.58	75.97
0.2~0.1	2995.9	26.99	87.57	39.42
0.1~0.076	758.5	6.83	94.40	12.43
-0.076	621.6	5.60	100.00	5.60
合计	11100.0	100.00	—	—

由表中数据可以求得：$D_{max} = 11.10$mm；$\bar{d} = 1.46$mm。

表 7-10 分级溢流粒度组成特性

粒级/mm	G/kg	γ/%	$\sum_{上}$/%	$\sum_{下}$/%
+0.3	2.8	0.93	0.93	100.00
0.3~0.2	12.2	4.07	5.00	99.07
0.2~0.1	47.5	15.83	20.83	95.00
0.1~0.076	31.5	10.50	31.33	79.17
0.076~0.038	80.1	26.71	58.04	68.67
0.038~0.019	55.9	18.63	76.67	41.96
0.019~0.010	33.0	11.00	87.67	23.33
-0.010	37.0	12.33	100.00	12.33
合计	300.0	100.00	—	—

由表中数据可以求得：$D_{max} = 0.20$mm；$\bar{d} = 0.075$mm。

7.3.2 选厂磨矿作业装球制度现状

金平镍矿的磨机规格 $D×L$ 为 1.5m×3.0m 格子型球磨机，每台磨机的处理量为 150t/d。初装球一般以 φ100mm 球居多，其次为 φ80mm 球和 φ60mm 球，大约按 φ100∶φ80∶φ60＝50%∶40%∶10%装入，总质量为 9t 左右。

同国内大多数选厂一样，金平镍矿选矿厂的初装球仍然偏大，属过大装球制度。根据对该厂镍矿样标准试件和不规则试件的抗压强度测定结果，发现用 φ90mm 钢球就足够，选厂用 φ100mm 钢球明显偏大。而且更严重的是，选厂钢球配比极其不合理。根据表 7-11 可知，待磨物料中小于 1mm 以下的就占 60%左右，而装球配比中大于 $\phi80mm$ 的球就占 90% 左右，小球比例不足 10%，结果是选厂磨矿产品质量很差，分级返砂中含有大量的中间粒级产品。

7.3.3　待磨物料粒度组成特性研究

磨机待磨物料为新给矿加上返砂。按 −200 目计的返砂比（或循环负荷）为：

$$C=\frac{\beta-\alpha}{\alpha-\vartheta}\times100\%=\frac{68.67-19.75}{19.75-5.60}\times100\%=346\%$$

而按 −0.1mm 计的返砂比为 399%。装球过大时，中间级别难磨碎，在返砂中循环，返砂量太大。故减小球径后返砂量会大大减少，先按 $C=250\%$ 取值进行计算，即新给矿为 1 份，返砂为 2.5 份，全给矿为 3.5 份。于是，待磨物料中： $\gamma_1=\gamma_{新}/3.5$；$\gamma_2=\gamma_{返砂}/3.5\times2.5$；$\gamma_3=\gamma_1+\gamma_2$，令 γ_4 为扣除 −0.1mm（10.10%，不需再磨）后的待磨级别物料。因此，由表 7-7 ~ 表 7-10 可求出待磨物料的粒度组成（表 7-11）。

表 7-11　待磨物料粒度组成特性

粒级/mm	γ_1/%	γ_2/%	γ_3%	γ_4/%	粒度分组	累积粒度
+20	0.17	0.00	0.17	0.19	5.86	5.86
20~15	3.79	1.31	5.10	5.67		
15~12	5.44	1.74	7.18	7.99	17.78	23.64
12~9	7.12	1.68	8.88	9.79		
9~6	2.15	1.55	3.70	4.12	15.08	61.28
6~3	3.54	1.53	5.07	5.64		
3~2	0.90	0.51	1.41	1.57		
2~1	1.23	2.14	3.37	3.75		
1~0.5	1.13	6.69	7.82	8.70		
0.5~0.2	0.99	26.11	27.10	30.13	61.28	100.00
0.2~0.1	0.89	19.29	20.18	22.45		
0.1~0.076	0.45	3.45	3.90	—	—	—
−0.076	0.77	5.43	6.20	—	—	—
合计	28.57	71.43	100.00	100.00	100.00	—

按待磨级别计算，待磨物料中的最大粒度为 16mm（95% 过筛粒度）。

7.3.4　磨机初装球制度的确定研究

7.3.4.1　磨机球荷特性确定

根据现场的磨机的规格可以计算段氏半理论公式（2-13）中的参数：

磨机规格 $D \times L = 1.5\text{m} \times 3.0\text{m}$，衬板厚度 0.05m，磨机临界转速为：

$$n_{\text{kp}} = \frac{42.4}{\sqrt{2}} \times 100\% = 35.84\text{r/min} ,$$

$n_{\text{实际}} = 30\text{r/min}$，则转速率 $\psi = 84\%$；

矿石密度 $\delta_{\text{t}} = 3.5\text{g/cm}^3$，磨矿浓度 $C = 75\%$，

则
$$\delta_n = \frac{\delta_t}{C + \delta_t(1 - C)} = 2.33$$

故
$$\delta' = \delta - \delta_n = 5.47\text{g/cm}^3$$

又
$$R_0 = \sqrt{\frac{R_1^2 + K_1^2 R_1^2}{2}} = 0.58\text{m}$$

故
$$D_0 = 2R_0 = 116\text{cm}$$

$20 \sim 9\text{cm}$ 级别的自然矿块抗压强度 $\sigma_{\text{压}} = 206.1\text{kg/cm}^2$。

于是

当 $d_{\text{f}} = 20\text{mm}$ 时，k_{c} 取 0.95，$D_{\text{b}} = 89.1\text{mm}$；

当 $d_{\text{f}} = 15\text{mm}$ 时，k_{c} 取 1.00，$D_{\text{b}} = 70.4\text{mm}$；

当 $d_{\text{f}} = 12\text{mm}$ 时，k_{c} 取 1.12，$D_{\text{b}} = 63.0\text{mm}$；

当 $d_{\text{f}} = 9\text{mm}$ 时，k_{c} 取 1.146，$D_{\text{b}} = 48.0\text{mm}$；

当 $d_{\text{f}} = 1\text{mm}$ 时，k_{c} 取 3.44，$D_{\text{b}} = 16.1\text{mm}$。

由上面计算可知，当给料粒度为 20mm 时，所需的球径值为 89.1mm，接近 90mm，故选厂所用的 ϕ100mm 钢球是偏大的。而由于待磨物料中小于 1mm 的占 60% 左右，故装球时应添加 ϕ40mm 小球。

根据待磨物料的粒度分组并结合生产实际情况，在整体球径精确化的前提下，各种球的比例可粗放一些，以便生产和管理。按照这种原则，确定初装球制度见表 7-12。

表 7-12 磨机新的初装球制度

球径/mm	质量/t	γ/%	$\Sigma_{\text{上}}$/%
ϕ90	2	21.29	21.29
ϕ70	3	31.91	53.20
ϕ60	3	31.91	85.11
ϕ40	1.4	14.89	100.00
合计	9.4	100.00	—
加权平均球径/mm		ϕ66.6	

选厂原初装球制度如表 7-13 所示。

表 7-13　选厂原初装球制度

球径/mm	质量/t	γ/%	$\Sigma_{上}$/%
ϕ100	4. 5	50	50
ϕ80	3. 6	40	90
ϕ60	0. 9	10	100
合计	9. 0	100. 00	—
加权平均球径/mm		ϕ88. 0	

7.3.4.2　两者初装球制度下的破碎统计力学特性比较

表 7-11 中对待磨物料的粒度进行了分组，并根据式（2-13）就可以求得各平均粒径下所需球径。参照第 5 章介绍的研究结果，各级别矿粒的选择破碎函数及其在矿浆中的固体体积含量一并列于表 7-14。

表 7-14　各粒度分组下的参数值

项目	+15mm	15~9mm	9~1mm	1~0.1mm
平均球径/mm	17.5	12	5	0.55
所需球径/mm	79.3	63.0	41.8	11.6
级别产率/%	5.86	17.78	15.08	61.28
固体体积含量/%	2.93	8.89	7.54	30.64
选择破碎函数 S	0.35	0.30	0.25	0.20

利用上表中的参数值，可以求出新装球制度下与原装球制度下各粒级的破碎概率分配，见表 7-15。

表 7-15　两种装球制度下各粒级的破碎概率分配

配比方案	球径/mm	球径比例/%	球数/个	在一次破碎过程中各粒级可能发生的破碎事件数/个				合计
				17.5	12	5	0.55	
新的装球制度	ϕ90	21.29	667	6.84	17.79	12.57	40.87	78.08
	ϕ70	31.91	2143	—	57.15	40.40	131.32	228.87
	ϕ60	31.91	3409	—	—	64.26	208.90	273.16
	ϕ40	14.89	5385	—	—	—	329.99	329.99
	合计	100.00	11604	6.84	74.94	117.23	711.08	910.99
原装球制度	ϕ100	50	1125	11.54	30.00	21.21	68.94	131.69
	ϕ80	40	1800	18.46	48.01	33.93	110.30	210.70
	ϕ60	10	1023	—	—	19.28	62.69	81.97
	合计	100.0	3948	30.00	78.01	74.42	241.93	424.36

对上述两种装球制度下的破碎统计力学特性的比较可发现，新装球制度在一次破碎过程中发生的破碎事件数 P 是原装球制度下在一次破碎过程中可能发生的破碎事件数 P 的 2.14 倍。根据第 5 章介绍的研究结果，此装球制度下的磨碎效果应该要好得多。事实上，工业试验结果证明了这一点。见表 7-16、表 7-17，表中 2 号为原装球制度下的磨矿系统，3 号为新装球制度下的磨矿系统。

表 7-16　磨矿系统流程考察结果

项目		2 号				3 号			
		$\gamma_{排矿}$ /%	$\Sigma\gamma_{排矿}$ /%	$\gamma_{返砂}$ /%	$\Sigma\gamma_{返砂}$ /%	$\gamma_{排矿}$ /%	$\Sigma\gamma_{排矿}$ /%	$\gamma_{返砂}$ /%	$\Sigma\gamma_{返砂}$ /%
粒级 /mm	+20	0.32	0.32	0.13	0.13	0.48	0.48	0.55	0.55
	20~16	1.40	1.72	1.16	1.29	1.35	1.83	2.30	2.85
	16~10	4.36	6.08	3.39	4.68	6.18	8.01	6.72	9.57
	10~5	3.43	9.51	3.27	7.95	3.92	11.93	5.19	14.76
	5~3	0.69	10.20	0.42	8.37	0.54	12.47	0.83	15.59
	3~2	2.34	12.54	2.60	10.97	2.18	14.65	2.64	18.23
	2~1	4.23	16.77	4.89	15.86	3.22	17.87	3.40	21.63
	1~0.5	11.90	28.67	14.21	30.07	9.01	26.88	10.16	31.29
	0.5~0.3	17.48	46.15	21.49	51.56	13.78	40.66	17.05	48.84
	0.3~0.15	25.11	71.26	27.47	79.03	19.89	60.55	26.32	75.16
	0.15~0.076	14.28	85.54	16.31	95.34	16.59	77.14	19.61	94.77
	-0.076	18.46	100.0	4.66	100.00	22.86	100.00	5.23	100.00
	合计	100.00	—	100.00	—	100.00	—	100.00	—
	最大粒度	11.49		9.51		12.92		14.08	
	平均粒度	1.523		1.347		1.759		2.162	
-76μm 含量/%		18.46		4.66		22.86		5.23	

从表 7-16、表 7-17 可以看出，3 号磨矿流程下的磨矿效果要优于 2 号。对磨机排矿而言，尽管 3 号系列下的最大粒度和平均粒度要粗一些，但 -200 目含量却比 3 号要高 4.4%，而且 3 号系列下的合格粒级（$\gamma_{-0.3mm}$）比 2 号要高 6%；对分级返砂而言，也是 3 号系列下的最大粒度和平均粒度比 2 号粗一些，但 -200 目含量和合格粒级含量（$\gamma_{-0.3mm}$），3 号比 2 号分别高 0.57% 和 3.72%，而且返砂量降低 23.86%；对分级溢流而言，3 号系列下的最大粒度和平均粒度却比 2 号下的要细得多，-200 目的含量和合格粒级含量（$\gamma_{0.15~0.01mm}$），3 号比 2 号分别高 2.8% 和 2.53%，过粉碎级别含量轻 1.35%。这再次证明了合理化装球对于改善磨矿产品粒度组成特性是多么重要。

表 7-17　选厂磨矿流程分级溢流考察结果

项目		2 号		3 号	
		$\gamma_{溢流}$ /%	$\Sigma\gamma_{溢流}$ /%	$\gamma_{溢流}$ /%	$\Sigma\gamma_{溢流}$ /%
粒级 /mm	+0.3	0.23	0.23	0.20	0.20
	0.3~0.15	5.27	5.50	4.12	4.32
	0.15~0.076	21.61	27.11	19.99	24.31
	0.076~0.037	30.96	58.07	33.52	57.83
	0.037~0.019	9.30	67.37	10.05	67.88
	0.019~0.010	15.90	83.27	16.24	84.62
	-0.010	16.73	100.00	15.38	100.00
	合计	100.00	—	100.00	—
	最大粒度	0.164		0.147	
	平均粒度	0.044		0.042	
-76μm 含量/%		72.89		75.69	

7.4　初装球制度下的磨矿效果

7.4.1　新装球制度对磨矿产品解离度的影响

金属矿磨矿的目的是将有用矿物从脉石矿物中解离出来，并为后续作业提供合适的粒度。磨矿产品单体解离的好坏，将直接影响选别作业指标的好坏。因此，把磨矿产品的单体解离度作为考察磨矿效果好坏的首要指标。表 7-18 列出了两种装球制度下磨矿产品的单体解离度的对比结果。

表 7-18　分级溢流各粒级下矿物单体解离度的对比测定结果[①]

项　目		2 号	3 号	3 号比 2 号增加或 减少的幅度
		金属矿物综合解离度	金属矿物综合解离度	
粒级 /mm	0.3~0.15	40.88	36.95	降低 3.93%
	0.15~0.076	72.16	76.75	提高 4.59%
	0.076~0.037	87.50	91.10	提高 3.60%
测定期间溢流品位/%		0.73	0.80	提高 0.07%
测定期间磨机处理量/t·h^{-1}		4.74	5.02	提高 5.91%

①　表内的综合解离度是由单体、3/4 解离、1/2 解离、1/4 解离等几种综合计算出来的；-37μm 以下粒级因粒度太细，单体解离度测定困难，加之解离度已相当高，可视为已基本完全解离。

由表 7-18 可以看出，对于粗级别（$\gamma_{+0.15mm}$）而言，2 号系列下的金属矿物综合解离度比 3 号要强；而对于细级别（$\gamma_{-0.15mm}$）而言，情况恰恰相反，却是 3 号比

2 号强。这说明精确化装球后，对目的矿物的选择性解离增强。在 3 号磨机处理量比 2 号高 5.91% 的情况下，3 号目的矿物总的单体解离度比 2 号要高 4.26%。

既然新的装球制度下的单体解离度要优于原装球制度，势必影响到分级溢流下各粒级下的金属分布率。表 7-19 列出了两系统下分级溢流的金属分布特性。

表 7-19　两种装球制度下分级溢流金属分布特性

粒级/mm	2 号					3 号				
	γ /%	β_{Ni} /%	$\gamma\beta_{Ni}$ /%%	ε /%	$\sum\varepsilon_{上}$ /%	γ /%	β_{Ni} /%	$\gamma\beta_{Ni}$ /%%	ε /%	$\sum\varepsilon_{上}$ /%
+0.3	0.23	0.08	0.02	0.03	0.03	0.20	0.07	0.01	0.01	0.01
0.3~0.15	5.27	0.19	1.00	1.36	1.39	4.12	0.20	0.82	1.07	1.08
0.15~0.076	21.61	0.45	9.72	13.23	14.62	19.99	0.40	8.00	10.39	11.47
0.076~0.019	30.96	1.08	33.44	45.53	60.15	33.52	1.11	37.21	48.34	59.81
0.037~0.019	9.30	0.97	9.02	12.28	72.43	10.05	1.03	10.35	13.44	73.25
0.019~0.01	15.90	0.81	12.88	17.54	89.97	16.74	0.89	14.90	19.36	92.61
-0.01	16.73	0.44	7.36	10.03	100.0	15.38	0.37	5.69	7.39	100.00
合计	100.0	0.73	73.44	100.0	—	100.0	0.77	76.98	100.0	—

由表 7-20 可以看出，对于易选合格粒级（$\gamma_{0.15~0.10mm}$）而言，3 号比 2 号要高 2.53%，而且该粒级范围内金属分布率 3 号比 2 号要高 5.79%；对于过粉碎粒级（$\gamma_{-0.010mm}$）而言，3 号比 2 号减轻 1.35%。这两点将会影响到后续选别作业的指标，或者说，在新的装球制度下，其浮选指标都会优于原装球制度下的各项指标。

7.4.2　新装球制度对磨矿产品细度的影响

合适的磨矿细度与有用矿物和脉石矿物的嵌布粒度、单体解离度、后续选别作业类型等密切相关。在磨矿过程中，并不是磨矿细度越细越好，而是在保证单体解离度的情况下，产品粒度粗一些更好。因为产品越细，选别作业难以回收，造成有用矿物的浪费。表 7-20 列出了两种装球制度下磨矿产品细度的对比情况。

表 7-20　两种装球制度下分级溢流粒度组成特性

项　目		2 号			3 号		
		γ/%	$\sum\gamma_{上}$/%	$\sum\gamma_{下}$/%	γ/%	$\sum\gamma_{上}$/%	$\sum\gamma_{下}$/%
粒级 /mm	+0.3	0.20	0.20	100.0	0.09	0.09	100.0
	0.3~0.15	4.36	4.56	99.80	2.71	2.80	99.91
	0.15~0.076	21.93	26.49	95.44	20.00	22.80	97.20
	0.076~0.037	32.13	58.62	73.51	34.73	57.53	77.20

项　目		2 号			3 号		
		$\gamma/\%$	$\Sigma\gamma_{上}/\%$	$\Sigma\gamma_{下}/\%$	$\gamma/\%$	$\Sigma\gamma_{上}/\%$	$\Sigma\gamma_{下}/\%$
粒级 /mm	0.037~0.019	10.48	69.10	41.38	12.29	69.82	42.27
	0.019~0.010	12.95	82.05	30.90	13.44	83.26	30.18
	−0.010	17.95	100.0	17.95	16.74	100.0	16.74
	合计	100.0	—	—	100.0	—	—
	最大粒度		0.150			0.148	
	平均粒度		0.043			0.040	
	测定期间台时处理量 /t·h^{-1}		4.91			5.13	
−76μm 含量/%			73.51			77.20	

由表 7-20 可以看出，3 号系列下的磨矿产品细度比 2 号明显改善：在保证 3 号系列下的台时处理量比 2 号高 4.48%的情况下，3 号系列下的最大粒度和平均粒度比 2 号分别要细 1.33%、6.98%，3 号−200 目含量要比 2 号高 3.69%。

7.4.3　新装球制度对磨机生产能力和磨矿及分级效率的影响

新装球制度，由于精确了球径大小及优化了球径配比，不仅提高了磨矿产品的单体解离度，而且提高了磨矿产品细度。而这两指标的改善并没有以降低磨机生产能力为代价。事实上，这两指标的提高是在磨机台时处理能力提高的情况下取得的。这可用破碎统计力学原理来解释。按照破碎统计力学的观点，在保证打击力足够的情况下，打击次数和研磨面积的大幅度增加，必然会引起破碎概率的上升，从而引起磨矿生产能力的提高。

由于新装球制度采用合理化装球，磨矿效率确实得到了提高，充分发挥了磨机潜力，取得了令人满意的磨矿效果。表 7-21 列出了两种装球制度下磨矿效率的对比情况。

表 7-21　两种装球制度下的磨矿效率的对比情况

生产指标	系统	2 号	3 号	3 号比 2 号增加或减少的幅度
全给矿	最大粒度/mm	17.43	17.72	粗 1.66%
	平均粒度/mm	4.73	5.13	粗 8.46%
	−76μm 含量/%	5.69	5.97	提高 0.28%
分级溢流	返砂比/%	394	300	降低 23.86%
	溢流−76μm 含量/%	72.89	75.69	提高 2.80%
	质分级效率/%	73.14	74.96	提高 1.82%
	量分级效率/%	79.86	82.85	提高 2.99%

系统 生产指标	2 号	3 号	3 号比 2 号增加 或减少的幅度
测定期间磨机台时处理量/t·h^{-1}	4.87	5.20	提高 6.78%
磨机-76μm 利用系数/t·(m^3·h)$^{-1}$	0.740	0.822	提高 11.08%
按处理量计的磨矿效率/t·(kW·h)$^{-1}$	0.061	0.065	提高 6.56%
按-200 目处理量计的磨矿效率/t·(kW·h)$^{-1}$	0.043	0.047	提高 9.30%

7.4.4　新装球制度对选别指标的影响

既然新装球制度不但可以显著改善磨矿产品单体解离特性和金属分布情况，提高磨矿产品单体解离度，而且由于破碎概率上升使磨机生产率大幅度提高。那么磨矿产品质量的改善必然会影响到磨矿后续选别作业指标的变化，因此有必要研究新装球制度对选别指标的影响。通过考察统计 30 个班的选别指标，将其结果列于表 7-22。

表 7-22　两种装球制度对选别指标的影响

指　标	试验前		试验后		试验后比试验前增加或减少的幅度	
	Cu	Ni	Cu	Ni	Cu	Ni
溢流品位/%	—	0.71	—	0.93	—	提高 0.22%
混合精矿铜品位/%	2.13	—	2.15	—	提高 0.02%	—
镍精矿品位 β_{Ni}/%	0.89	3.29	0.97	3.71	提高 0.08%	提高 0.42%
铜精矿品位 β_{Cu}/%	22.83	—	23.26	—	提高 0.43%	—
精矿回收率 ε/%	57.27	68.32	64.25	72.17	提高 6.98%	提高 3.85%
尾矿品位 ϑ/%	—	0.263	—	0.316	—	提高 0.053%

由表 7-22 可以看出，镍精矿的品位和回收率以及铜精矿的品位和回收率都是新的装球制度下好得多，分别提高了 0.42%、3.85%、0.43% 和 6.98%。当然，这个比较尚欠说服力，因试验后的原矿性质变了，是富矿加难选的中低品位矿，原矿品位高，可比性差，只有长期的统计资料才有说服力。但从入选产品质量改善可以断定，回收指标提高是必然的。至于尾矿品位却是新的装球制度下要高些，这是因为在工业试验期间，原矿由富矿及难选的中低品位矿组成，中低品位矿中含大量磁黄铁矿，而磁黄铁矿本身就含约 0.2% 的 Ni，全部选出磁黄铁矿时，精矿回收率虽高，但精矿品位太低，全部抑制磁黄铁矿时，精矿品位虽高，但回收率又太低。要兼顾二者时只能选出一部分磁黄铁矿，这是尾矿品位难以降低的主要原因。

7.5　球荷的转移概率研究

7.5.1　选厂补球制度的现状

金平镍矿采用的补球制度非常简单，即只补加一种 ϕ100mm 大球。因矿石的普氏硬度系数 f 值在 6 以下，矿石易磨，故钢球的磨损量低，为 0.6kg/t。令人惊讶的是，若磨矿作业中溢流细度达不到 -200 目 75%，选厂在补加钢球时过度补加大球，而且在磨机清球时居然将小于 ϕ60mm 的小球清理掉，以大球取代之，片面认为球荷总体直径越大，磨矿细度就会越好。但最终结果导致磨机作业效率低，返砂量剧增，磨矿细度依然达不到要求。

7.5.2　球荷的转移概率和补球参数计算

在选厂，磨机新装球为 ϕ90mm、ϕ70mm、ϕ60mm 和 ϕ40mm 共 4 种球。因磨机类型为格子型球磨机，故认为小于 ϕ20mm 的球失去磨矿能力而被排出。有效钢球分 4 个直径级别，其理想装球级配和首次装球级配列于表 7-23。

表 7-23　钢球分级参数

钢球分级数	1	2	3	4
各级别直径范围/mm	90~70	70~60	60~40	40~20
补球规格/mm	ϕ90	ϕ70	ϕ60	ϕ40
理想装球级配	0.2129	0.3191	0.3191	0.1489
首次装球级配	0.2129	0.3191	0.3191	0.1489

为与选厂实际情况相一致，选厂的补加钢球周期为每班一次。在此基础上获得的稳态下钢球磨损的转移概率 $[P(t)]$ 为：

$$[P(t)] = \begin{pmatrix} 0.9976 & 0 & 0 & 0 \\ 0.0014 & 0.9975 & 0 & 0 \\ 0.0006 & 0.0019 & 0.9964 & 0 \\ 0 & 0.0005 & 0.0034 & 0.9958 \end{pmatrix} \tag{7-1}$$

利用式（7-1）并根据式（6-38）~式（6-41）可求出各次补加钢球的比例。表 7-24 列出了前 4 次补球的参数。

表 7-24　补球参数计算

钢球分级数 (j)	1	2	3	4
首次装球级配 x_j	0.2129	0.3191	0.3191	0.1489
第一次补球				
各级球短缺量	$5 \times 10^{-4}W$	$5 \times 10^{-4}W$	$4 \times 10^{-4}W$	$-6 \times 10^{-4}W$

钢球分级数 (j)	1	2	3	4
首次装球级配 x_j	0.2129	0.3191	0.3191	0.1489
第一次补球				
本次补球总重	$8 \times 10^{-4} W$			
各级别补球量	$5 \times 10^{-4} W$	$3 \times 10^{-4} W$	0	0
补球后的级配	0.2129	0.3184	0.3187	0.1495
第二次补球				
ΔW_j	$5 \times 10^{-4} W$	$5 \times 10^{-4} W$	$4 \times 10^{-4} W$	$-6 \times 10^{-4} W$
ΔW	$8 \times 10^{-4} W$			
ΔW_{Bj}	$5 \times 10^{-4} W$	$3 \times 10^{-4} W$	0	0
x_{Bj}	0.2129	0.3187	0.3183	0.1501
第三次补球				
ΔW_j	$5 \times 10^{-4} W$	$5 \times 10^{-4} W$	$4.1 \times 10^{-4} W$	$-6 \times 10^{-4} W$
ΔW	$8.1 \times 10^{-4} W$			
ΔW_{Bj}	$5 \times 10^{-4} W$	$3.1 \times 10^{-4} W$	0	0
x_{Bj}	0.2129	0.31851	0.31789	0.1507
第四次补球				
ΔW_j	$5 \times 10^{-4} W$	$4.98 \times 10^{-4} W$	$4.1 \times 10^{-4} W$	$-6.1 \times 10^{-4} W$
ΔW	$8.01 \times 10^{-4} W$			
ΔW_{Bj}	$5 \times 10^{-4} W$	$3.01 \times 10^{-4} W$	0	0
x_{Bj}	0.2129	0.31832	0.31748	0.15131

可以看出，经 4 次补加球后，磨机内各级别球的级配为 $x_{Bj} =$ （0.2129，0.31832，0.31748，0.15131）$^\mathrm{T}$，装载量为 9.4001t，比额定装球量多 0.4t，可以视为基本不变。

7.6 补球制度下的磨损效果

根据选厂的磨机当班处理量，能方便地求出钢球的磨损率。通过连续考察统计 30 个班的处理量和补加钢球的数量，可计算出选厂新的装球制度下钢球的磨损率为 0.501kg/t，而原装球制度下钢球的磨损率为 0.628kg/t。前者比后者下降了 20.22%。

不仅钢球的单耗下降，而且由于整体球荷直径的大幅度下降，大大地减少了对衬板的冲击磨损，因而衬板的使用寿命得到了延长。以前选厂每 8 个月更换一付衬板，现衬板使用寿命估计可延长 30%。

　　不仅如此，磨机的电耗也有所降低。正如前面所说的那样，整体球径的降低会伴随着电耗的降低。但从另外一个角度看，磨机的台时处理能力提高以及磨机利用系数的提高都说明这一点。由于时间的限制，其节约的具体数量还没有统计出来。但经理论计算，球径减小后，每处理 1t 原矿可节约电耗 0.40kW·h/t。同时，整体球径的减小还会降低车间的噪声：磨机两侧的噪声为 92dB，磨机排矿和给矿端为 85dB 和 88.5dB，车间走廊为 83dB（原装球制度下的各噪声值分别为 94dB、86dB、90dB 和 84dB），总体降低幅度为 2dB 左右。改善了车间的工业卫生，有利于工人的身体健康。

7.7 本章小结

　　（1）实验室的试验研究结果表明，在过大球制度、适宜球制度和过小球制度 3 种装球制度磨碎下，无论是磨矿产品粒度组成特性还是磨矿产品单体解离度抑或是浮选指标，都是适宜球制度下获得的指标最好。这再次验证了球径的大小及其配比严重影响着磨矿的产品质量和其后续选别作业指标的好坏。

　　（2）通过研究磨矿分级闭路循环作业各产品的粒度组成特性，确定新的装球制度采用 $\phi90 : \phi70 : \phi60 : \phi40 = 21.29\% : 31.91\% : 31.91\% : 14.89\%$，而不是选厂原装球制度 $\phi100 : \phi80 : \phi60 = 50\% : 40\% : 10\%$。

　　（3）新的装球制度在一次破碎作用下可能发生的破碎事件数为原装球制度下的 2.14 倍，磨矿时产生了显著的效果。新的装球制度下的磨矿产品单体解离度比原装球制度提高 4.26%；磨矿产品细度 -200 目含量不仅比原装球制度下要细 3.69%，而且易选合格粒级（$\gamma_{0.15\sim0.010mm}$）金属分布率高 5.79%；磨机的生产能力比原装球制度要高 5.91%，磨机的 -76μm 利用系数提高 11.08%；选别指标（β_{Ni}，β_{Cu}，ε_{Cu}，ε_{Ni}）比原装球制度下普遍得到了提高。

　　（4）选厂磨机在稳态下钢球磨损的转移概率 $[P(t)]$ 为：

$$[P(t)] = \begin{pmatrix} 0.9976 & 0 & 0 & 0 \\ 0.0014 & 0.9975 & 0 & 0 \\ 0.0006 & 0.0019 & 0.9964 & 0 \\ 0 & 0.0005 & 0.0034 & 0.9958 \end{pmatrix}$$

根据此转移概率和式（6-38）~式（6-41）可以很方便地求出补球参数值。

　　（5）新的补球制度也取得了不错的磨损效果：钢球单耗下降了 20.22%，磨机衬板使用寿命延长了 30%，同时由于整体球径的下降使处理每吨原矿的电耗下降了 0.40kW·h，工作噪声下降了 2dB 左右。

8 研究结论及有待继续研究的问题

8.1 研究结论

通过研究破碎统计力学和转移概率在装补球中的应用，可以得出以下结论：

（1）段氏半理论公式 $D_b = K_c \dfrac{0.5224}{\psi^2 - \psi^6} \sqrt[3]{\dfrac{\sigma_{\text{压}}}{10\rho_e D_0}} d_f$ 是精确确定钢球尺寸的有效方法。

（2）以磨矿产品质量作为判断磨矿效果好坏的标准。磨矿产品质量指标主要包括磨机产品单体解离度、产品细度、磨机的台时处理能力及磨矿效率。

（3）纯矿物和实际矿石的研究结果都表明，在不同的球径作用下总有一个最佳球径，其磨矿产品质量最佳。也就是说，球荷特性严重影响着磨矿产品质量的好坏。好的球荷特性，其磨矿产品质量也好，不合理的球荷特性，其磨矿产品质量就差。

（4）球磨机内的钢球对矿粒的破碎行为是一个随机过程。此过程包括钢球与矿粒的随机相碰（碰撞概率）和随机破碎（破碎概率）。

（5）破碎统计力学的研究方法是通过研究单个钢球对矿粒的破碎作用来研究钢球集合体的破碎行为。这种破碎行为与球径大小和配比有密切关系。

（6）破碎事件量 P 的大小是衡量破碎效率高低的主要判据。破碎事件量最高的球荷特性是球磨机的最佳球荷特性，也是初装球及补球计算的依据。

（7）根据磨损叠加原理，将钢球的磨损量归结为冲击磨损、磨剥磨损、腐蚀磨损及表面疲劳磨损 4 种磨损之和。在此基础上推导出钢球的磨损规律是数学模型为 $D = D_0 e^{-kt}$。此式是求转移概率的基础。

（8）钢球的磨损也是一个随机过程并满足马尔可夫链的条件。其理论转移概率值见式（6-37）。此式和式（6-38）~式（6-41）一起成为补球参数计算的依据。

（9）实验室的试验研究结果表明，在 3 种装球制度下磨碎金平镍矿，无论是磨矿产品单体解离度还是磨矿产品粒度组成特性或是浮选指标，都是适宜球制度下获得的指标最好。这说明了球径的大小及其配比严重影响着磨矿的产品质量和其后续选别作业指标的好坏。

（10）金平镍矿选矿厂采用的新的装球制度为 $\phi90 : \phi70 : \phi60 : \phi40 =$

21.29%∶31.91%∶31.91%∶14.89%。新的装球制度在一次破碎作用下可能发生的破碎事件数为原装球制度下的 2.14 倍，磨矿时会产生好的效果。

（11）新的装球制度下在工业试验期间取得了显著的磨矿效果：新的装球制度下的磨矿产品单体解离度比原装球制度提高 4.26%；磨矿产品细度-200 目含量不仅比原装球制度下要细 3.69%，而且易选合格粒级（$\gamma_{0.15\sim0.010mm}$）金属分布率高 5.79%；磨机的生产能力比原装球制度要高 5.91%，磨机的-76μm 利用系数提高 11.08%；选别指标（β_{Ni}，β_{Cu}，ε_{Cu}，ε_{Ni}）比原装球制度下普遍得到了提高。

（12）选厂磨机稳态下钢球磨损的转移概率 $[P(t)]$ 为：

$$[P(t)] = \begin{pmatrix} 0.9976 & 0 & 0 & 0 \\ 0.0014 & 0.9975 & 0 & 0 \\ 0.0006 & 0.0019 & 0.9964 & 0 \\ 0 & 0.0005 & 0.0034 & 0.9958 \end{pmatrix}$$

基于此转移概率下的补球制度也取得了显著的磨损效果：钢球单耗下降了 20.22%，磨机衬板使用寿命延长了 30%；同时由于整体球径的下降使处理每吨原矿的电耗下降了 0.40kW·h，工作噪声下降了 2dB 左右。

8.2　有待继续研究的问题

破碎统计力学原理和转移概率都是第一次在装补球制度中应用，限于试验的条件及时间的限制，仍有一些有待继续研究的问题：

（1）钢球级配精确化的问题。钢球尺寸精确化后，若能将钢球级配也精确化，无疑对磨矿效果是大有裨益的。由破碎统计力学原理可知，不同级配的装球制度，其在一次破碎作用下可能产生的破碎事件数是不相同的。级配精确化的装球制度，将会有最好的磨矿效果。

（2）转移概率的通用性问题。第 6 章介绍的研究结果只是一个纯理论性状态下的模型。事实上，影响钢球磨损的因素错综复杂且多变，因而具体到每个选厂，钢球的磨损过程是各不相同的，或是说，每个选厂钢球磨损的实际转移概率是各不相同的。如能寻求一个通用性的转移概率，则无疑将会减少选厂的补球制度产生的影响。

9 破碎统计力学原理及转移概率在梅山铁矿中的应用研究

在第 8 章中曾经谈到了两个有待继续研究的问题。一是钢球级配精确化的问题；二是转移概率的通用性问题。在作者近几年的研究中，也一直在努力完善和应用，确实在工业优化过程中解决了工业界的一些磨矿难题。现仅以梅山铁矿为例，继续介绍球径半理论公式、破碎统计力学以及钢球磨损原理在该矿山磨矿分级工艺中的应用。

9.1 梅山铁矿矿石性质

9.1.1 矿石物理性质

试验所用的矿石样品来自梅山铁矿，其矿石密度为 $4.05t/m^3$，矿石松散系数为 1.6，岩石松散系数为 1.5。矿石湿度较大，原矿含水 4%~5%。由于矿体直接顶板是稳定性较差的碳酸盐化、高岭土化及硅化的安山岩，所以采出的矿石含泥量较多，黏度较大，在磨矿过程中矿浆流动性较差，较难排出磨机，影响磨机生产率。矿石中各类矿物的硬度见表 9-1，而矿石各粒级的硬度则在后续的力学性质试验进行测定。

表 9-1 矿石中各类矿物的硬度

矿物名称	安山岩	辉长闪长玢岩	次生石英岩	凝灰岩等
硬度系数 f	7.5	8.5	11	3

从表 9-1 中可知，因各类矿物的硬度差别较大，故其可碎、磨性系数也相差较大，通过合理的配球，便能较好地实现选择性碎磨。

9.1.2 矿石化学性质

对梅山铁矿入磨矿进行了化学多元素分析及铁物相分析，其结果分别见表 9-2 和表 9-3。

表 9-2 梅山铁矿入磨矿化学多元素分析

元素	TFe	S	P	CaO	MgO	Al_2O_3	SiO_2
含量（质量分数）/%	46.26	1.15	0.258	6.23	1.78	1.91	11.07

表 9-3 入磨矿铁物相分析

矿物名称	假象赤铁矿	半假象赤铁矿	磁铁矿	黄铁矿	碳酸盐类矿物	菱铁矿	石英	黏土类矿物
含量（质量分数）/%	21.96	24.3	3.98	6.38	21.94	6.24	4.62	8.72

　　通过对梅山铁矿化学多元素和铁物相分析可知，铁矿以磁铁矿、半假象赤铁矿、假象赤铁矿为主，其次是黄铁矿、菱铁矿及含钒铁矿，非金属物有石英、方解石、磷灰石、白云石及高岭土。矿体含有矿物种类多，使得矿物之间及晶体之间存在力学性质的差异，将导致矿石在破碎过程中呈现出脆性特征，碎磨过程中极易产生细泥。需要在磨矿工艺过程中注意调节。

9.2 梅山铁矿磨矿-分级工艺现状

9.2.1 现有磨矿工艺流程

　　梅山铁矿经过多年的改革创新、技术攻关，选矿厂现有 6 个磨矿系列运行，均采用经典的两段闭路流程，日处理入磨矿总量约 13kt，各系列处理量和设备型号见表 9-4。

表 9-4 梅山铁矿各磨矿-分级系统处理量及主要设备型号

系列号	处理量/t·h⁻¹	一段磨机	二段磨机	一段分级机	二段分级机
1	65~70	MQG2700×3600	MQG2700×3600	2FG-20	2FC-20
2	65~70	MQG2700×3600	MQG2700×3600	2FG-20	FX500-PU
3	65~70	MQG2700×3600	MQG2700×3600	2FG-20	2FC-20
4	65~70	MQG2700×3600	MQG2700×3600	2FG-20	2FC-20
5	190~210	MQY3600×6000	MQY3600×6000	FX500-PU	FX500-PU
8	85~90	MBY2700×3600	MQY3200×4500	FX500-PU	FX500-PU

　　梅山铁矿选矿厂中碎采用二段一闭路破碎流程，将原矿破碎至 50~0mm（闭路筛孔为 65mm），进入重选车间进行预选抛尾。重选车间选出的粗精矿进入细碎车间，经一段细碎闭路破碎工艺流程，破碎至 -12mm，输送至浮选车间，进入两段闭路连续磨矿。

　　各磨矿系统均采用两段闭路磨矿流程，如图 9-1 所示。磨至 -0.076mm 的占 65%。1~4 系列为两段湿式格子型球磨机，5 系列为两段溢流型球磨机，8 系列一段为棒磨，二段为溢流型球磨。各系列所用磨矿介质：1~5 系列一段为 ϕ120mm 铸球，所有二段为 ϕ80mm 铸球；8 系列一次为 ϕ90mm 钢棒。钢球每天添加，一般每一台球磨机每一次添加 0.8~1.6t，钢棒每隔 5 天添加一次，每一次添加 15~30 根。-12mm 的入磨矿经摆式给矿机均匀给入磨机内,一段磨矿浓度控制在 88%~90%,分级浓度控制在 65%~75%,一段返砂比控制在 50%~150%;二段磨矿浓度控制在 82%~85%,分级浓度控制在 35%~42%,二段返砂比控制在 200%~300%。

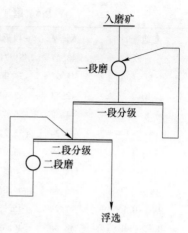

图 9-1　梅山铁矿磨矿工艺流程

9.2.2 磨矿工艺流程考察及其存在的问题

以梅山铁矿选矿厂 4 号磨矿系统为例,考察研究该铁矿磨矿工艺存在的问题。对 4 号磨矿-分级系统各点进行取样筛分和化验,考察其磨矿-分级系统的粒度及金属分布现状。考察结果见表 9-5~表 9-7。

表 9-5　磨矿-分级系统中各产品粒度分布　　　　　　　　　　（%）

粒级/mm	入磨矿	一段返砂	一段磨矿	一段溢流	二段返砂	二段磨矿	二段溢流
+12	32.53	46.02	—	—	—	—	—
12~10	11.93	23.07	—	—	—	—	—
10~8	14.69	1.67	—	—	—	—	—
8~5	9.85	7.15	0.63	—	—	—	—
5~2.2	6.5	4.57	3.04	3.6	1.9	—	—
2.2~1.1	2.67	0.65	4.66	3.74	3.35	0.35	—
1.1~0.6	5.57	2.39	15.03	14.09	13.65	3.3	0.81
0.6~0.3	3.38	3.25	16.26	18.58	25.45	17.8	4.39
0.3~0.15	3.09	3.6	15.05	14.88	29.8	29.25	12.72
0.15~0.10	1.61	1.84	6.75	7.17	8.5	11.95	10.09
0.10~0.076	2.38	1.3	5.05	2.96	4.6	6.55	9.91
0.076~0.038	1.18	2.66	10.68	18.96	8.75	19.95	37.87
0.038~0.019	1.98	0.44	10	2.94	1.4	1.9	4.34
0.019~0.01	0.63	0.49	1.47	1.33	0.3	1.5	4.48
-0.01	2.01	0.89	11.38	11.75	2.3	7.45	15.39
合计	100	99.99	100	100	100	100	100
$\overline{D}$/mm	7.48	8.9	0.48	0.45	0.44	0.21	0.1

注：$\overline{D}$ 为产品平均粒度,表示产品的均匀性,下同。

表 9-6 磨矿-分级系统中各产品铁品位分布 （％）

粒级/mm	入磨矿	一段返砂	一段磨矿	一段溢流	二段返砂	二段磨矿	二段溢流
+12	43.41	51.71	—	—	—	—	—
12~10	41.02	54.96	—	—	—	—	—
10~8	42.83	53.13	—	—	—	—	—
8~5	44.52	56.43	39.44	—	—	—	—
5~2.2	41.24	55.22	40	36.76	48.4	—	—
2.2~1.1	43.69	45.03	42.91	39.67	41.38	44.62	—
1.1~0.6	42.77	46.7	43.66	41.97	28.8	46.72	22.14
0.6~0.3	45.48	44.86	45.97	43.34	51.71	50.49	27.1
0.3~0.15	47.29	45.98	44.85	45.82	57.04	57	38.51
0.15~0.10	48.94	46.38	46.35	47.62	57.8	55.6	49.2
0.10~0.076	48.24	47.19	46.6	46.44	55.75	57.21	52.57
0.076~0.038	49.43	56.09	49.74	51.93	59.18	59.52	54.64
0.038~0.019	50.14	38.69	56.81	39.79	47.85	45.42	37.25
0.019~0.01	28.8	33.05	34.47	33	40.58	37.94	34.45
-0.01	30.25	27.71	34.25	27.82	35.74	35.99	30.26
计算品位	42.72	51.98	45.13	43.1	50.66	53.74	44.95

表 9-7 磨矿-分级系统中各产品硫品位分布 （％）

粒级/mm	入磨矿	一段返砂	一段磨矿	一段溢流	二段返砂	二段磨矿	二段溢流
+12	0.86	0.53	—	—	—	—	—
12~10	0.80	0.52	—	—	—	—	—
10~8	0.85	0.74	—	—	—	—	—
8~5	0.76	0.88	0.92	—	—	—	—
5~2.2	0.73	0.63	0.80	0.75	2.56	—	—
2.2~1.1	0.67	0.78	0.58	0.67	0.85	0.56	—
1.1~0.6	0.81	0.79	0.73	0.74	0.73	0.51	0.56
0.6~0.3	0.70	0.74	0.70	0.68	1.19	0.74	0.56
0.3~0.15	0.68	0.72	0.66	0.66	3.23	0.55	0.67
0.15~0.10	0.76	0.75	0.77	0.79	3.71	0.53	0.71
0.10~0.076	0.82	0.81	0.74	0.79	4.77	0.64	0.71
0.076~0.038	1.00	0.85	1.03	1.33	0.74	0.72	0.73
0.038~0.019	1.45	1.13	1.12	1.40	1.00	1.02	1.14
0.019~0.01	1.21	1.00	1.61	1.44	1.23	1.18	1.05
-0.01	1.07	0.76	1.08	0.98	0.81	0.88	0.77
计算品位	0.79	0.6	0.84	0.89	2.08	0.66	0.75

为了更加直观地说明问题，将表9-5~表9-7中关键数据进行汇总归纳于表9-8中。

表 9-8 磨矿-分级系统中各产品分布规律 （%）

对比指标	入磨矿	一段返砂	一段磨矿	一段溢流	二段返砂	二段磨矿	二段溢流
$\gamma_{-0.076mm}$	5.8	4.48	33.53	34.98	30.8	12.75	62.08
$\gamma_{-0.01mm}$	2.01	0.89	11.38	11.75	7.45	2.3	15.39
$\gamma_{0.3\sim0.01mm}$	10.87	10.33	49	48.24	71.1	53.35	79.41
$\overline{D}/mm$	7.48	8.9	0.48	0.45	0.21	0.44	0.1
计算 Fe 品位 α	42.72	51.98	45.13	43.1	53.74	50.66	44.95
$Fe_{\alpha-0.01mm}$	30.25	27.71	34.25	27.82	35.99	35.74	30.26
$Fe_{\varepsilon-0.01mm}$	1.42	0.48	8.64	7.58	1.62	4.99	10.36
$Fe_{\varepsilon 0.3\sim0.01mm}$	12.06	9.52	52.58	53.5	60.09	75.13	86.59
计算 S 品位 α	0.79	0.6	0.84	0.89	0.66	2.08	0.75
$S_{\alpha-0.01mm}$	1.07	0.764	1.08	0.979	0.879	0.805	0.769
$S_{\varepsilon-0.01mm}$	2.72	1.13	14.67	12.96	0.89	9.87	15.85
$S_{\varepsilon 0.3\sim0.01mm}$	12.72	13.65	51.86	55.24	76.02	67.36	80.28

注：$\gamma_{0.3\sim0.01mm}$ 表示易选粒级含量；$\gamma_{-0.01mm}$ 表示过粉碎粒级含量，下同。

为了详细了解该磨矿-分级系统的工作效率，利用以下几个公式进行计算评价：

（1）分级返砂比 $C = (\beta - \alpha)/(\alpha - \theta) \times 100\%$

（2）分级机质效率 $\eta = (\beta - \alpha)(\alpha - \theta)/\alpha(100 - \alpha)(\beta - \theta) \times 10^4\%$

（3）分级机量效率 $E = \beta(\alpha - \theta)/\alpha(\beta - \theta) \times 100\%$

以上式中：

α——磨机排矿中某一指定粒级的含量，%；

β——分级溢流中某一指定粒级的含量，%；

θ——分级返砂中某一指定粒级的含量，%。

（4）球磨机的利用系数：

$$q_{-0.076mm} = Q(\gamma_{产} - \gamma_{给})/V \quad (t/(h \cdot m^3))$$

（5）球磨机的磨碎比：

$$i = D_{给矿平均粒度}/d_{排矿平均粒度}$$

以上式中均以-0.076mm 产率作为基准计算，其计算结果见表9-9。

表 9-9 磨矿-分级系统技术指标

对比指标	$q_{-0.076mm}$	磨碎比 i	返砂比 C	质效率 $\eta/\%$	量效率 $E/\%$
一段磨矿-分级	1.154	11.4	4.99	6.2	99.36
二段磨矿-分级	1.951	2.1	173.3	53.7	73.75

　　由考察结果可知，一段磨的磨碎比达 11.4，磨机利用系数 $q_{-0.076\text{mm}}$ 为 1.154t/(h·m³)，新生 -0.076mm 含量高达 27.73%，总体效果较好。二段磨中，磨机利用系数 $q_{-0.076\text{mm}}$ 为 1.951t/(h·m³)，新生 -0.076mm 含量仅为 18.05%，螺旋分级机返砂比为 173.3%，质效率为 53.70%，量效率为 73.75%，总体上，二段磨矿-分级回路效果有很大提升空间。

　　入磨矿中 +0.3mm 过粗的各粒级中 TFe 品位为 40%~45%，说明梅山铁矿的入磨矿属均质矿。从各粒级的合格品位分布来看，Fe 主要分布在 0.3~0.038mm，S 主要分布在 0.076~0.01mm，这个粒级范围正好在铁、硫的解离范围内。仔细分析二段磨 -0.3mm 产品，其累积 TFe 品位高达 54.81%，已达到合格铁精矿品位。

　　一段磨现场添加 120mm 钢球，尺寸太大，容易造成贯穿破碎，过粉碎严重（一段溢流过粉碎产率高达 11.75%），对磨机筒体衬板冲击损失较大，衬板使用寿命降低、噪声大，能量利用率低，以热能形式损失，致使磨机排矿矿浆温度太高。

　　一段螺旋分级机返砂比不到 5%，几乎没有返砂，导致分级机的分级质效率仅 6.20%，不利于改善一段排矿产品的粒度组成；而其量效率为 99.36%，接近 100%，充分说明一段螺旋分级机几乎没有起到分级作用。

　　二段磨的磨碎比仅 2.1，说明该磨矿过程是以研磨为主。二段溢流中 0.3~0.01mm 易选粒级产率不高，仅 79.41%，但是 -0.01mm 过粉碎粒级产率却高达 15.39%。与此同时，二段磨最大颗粒 d_{95} 才 1.2mm，均表明二段磨添加 80mm 钢球，尺寸太大。钢球尺寸过大带来的后果是：二段分级溢流产品中 -0.01mm 品位高（$\text{Fe}_{\alpha-0.01\text{mm}}$ 为 30.26%、$\text{S}_{\alpha-0.01\text{mm}}$ 为 0.77%）、回收率高（$\text{Fe}_{\varepsilon-0.01\text{mm}}$ 为 10.36%、$\text{S}_{\varepsilon-0.01\text{mm}}$ 为 15.85%），导致金属量损失较大。因此，选矿厂急需对磨矿系统进行系统全面的技术研究，改善磨矿产品粒度组成，优化铁矿的选别指标，提升资源综合利用水平。

9.3　球径半理论公式的计算

　　磨矿主要是针对各种特定的矿石进行的选矿准备作业，各种矿石由于其组成的地质环境以及组成物质等因素的不同，易形成其独特的结构和力学性质，从而具有各异的可磨性。为了能够有针对性地、高效地进行磨矿，需详细了解矿石的抗破碎性能，并根据其特有的抗破碎性能，选择最优的磨矿方法及其工艺参数，做到有的放矢，提高作业效率。因此，进行矿石的抗破碎性能研究，显得尤为重要。

　　为了高效、准确地确定磨矿介质制度，首先对梅山铁矿进行了矿石力学性质测定，为钢球尺寸计算提供理论数据，然后利用球径半理论公式、矿石的破碎统计力学原理和钢球磨损规律，最后确定最佳的介质制度，以提高磨矿效果。

9.3.1 矿石力学性质测定

9.3.1.1 规则矿块抗压强度测定

测定矿石抗压强度的方法很多，在工程中常用的方法有点载荷、单轴和三轴。本测试主要选用单轴方法进行。其方法是在岩石力学系统下，将指定样品置于测试设备操作面板中央，对样品持续加载压力直至样品破碎为止，记录压力值并利用公式计算出抗压强度。该系统主要应用于矿石和建材等工程材料力学性能的测定，在其试验中可得到抗压强度、弹性模量、变形模量和泊松比等相关数据资料。

选取未经破碎且表面较为平整的大块（直径大于 250mm）的梅山铁矿原矿样，经钻孔取样机和岩石切割机取样、切割，打磨成规则矿块圆柱体，规格为直径 50mm、高 100mm 左右，并在岩石力学试验机上进行力学试验。试验过程如图 9-2、图 9-3 所示。试验结果见表 9-10。

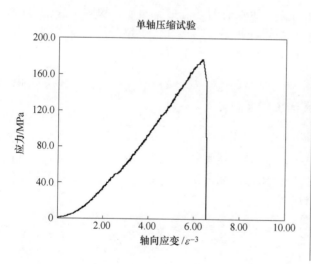

图 9-2 规则矿块受力过程曲线

表 9-10 规则矿块压力试验结果

试验编号	直径/mm	长度/mm	抗压强度/MPa
1 号	47.60	102.10	177.059
2 号	47.63	101.20	155.699
3 号	47.33	99.64	189.668
4 号	46.60	102.54	120.384
平均值	47.29	101.37	160.70

图 9-3   规则矿块受力压碎

表 9-10 表明各规则矿块的抗压强度整体相差不大，取其平均值作为最终规则矿块的抗压强度。规则矿块的抗压强度为 160.70MPa，换算成矿石普氏硬度系数 f 为 16，属于中硬偏硬矿石类型。

从图 9-3 所示的规则矿石受力压碎后的形态可以看出，规则矿块受力后，不仅是产生裂纹，而且产生裂纹后迅速扩展，形成几大块裂开甚至是飞溅蹦出。这说明梅山铁矿矿石虽然硬，但是脆性也大，仍为易碎易磨产品，需要在后续碎磨过程中注意产品过粉碎情况。

9.3.1.2   不规则矿块抗压强度测定

选取入磨矿中不规则矿石若干，分成粒径约 20mm、17mm、15mm、13mm、11mm、9mm 和 7mm 并编号，分别测定其质量、宽度、最大和最小尺寸，利用单轴压力试验机进行不规则矿块抗压强度测定试验。图 9-4 所示为受压后破碎的形态。压力试验结果见表 9-11。

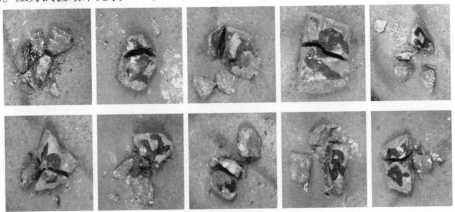

图 9-4   不规则矿块受力压碎的形态

表 9-11 不规则矿块压力试验结果

实验编号	矿块品质/g	体积/mm³	最大尺寸/mm	最小尺寸/mm	宽度/mm	抗压强度/kg·cm⁻²
2	1.1	271.60	17.10	5.10	6.90	303.24
6	1.0	246.91	18.80	5.10	7.00	494.43
3	1.3	320.99	17.10	4.20	7.30	286.55
4	1.5	370.37	18.20	5.00	7.60	453.42
5	1.2	296.30	17.30	6.20	7.60	414.83
7	1.9	469.14	22.40	7.30	7.60	403.04
平均值					7.33	392.58
8	1.9	469.14	19.50	6.70	8.40	295.50
9	1.9	469.14	25.30	6.80	8.70	307.02
13	3.6	888.89	11.50	9.40	9.50	498.51
14	2.8	691.36	14.00	8.30	9.50	546.82
10	3.8	938.27	26.50	7.40	9.90	173.08
11	1.8	444.44	17.00	8.10	10.60	384.88
16	2.9	716.05	12.40	9.50	10.70	631.46
21	4.1	1012.35	15.10	10.90	10.80	561.32
平均值					9.76	424.82
15	2.9	716.05	17.00	6.30	11.10	505.15
26	3.1	765.43	20.60	8.50	11.40	396.54
17	3.0	740.74	16.40	8.60	11.80	827.29
36	4.7	1160.49	21.70	9.90	12.00	558.88
25	3.7	913.58	16.50	11.00	12.10	499.49
19	4.0	987.65	19.10	8.60	12.20	292.60
28	4.7	1160.49	18.90	10.30	12.40	248.66
30	5.9	1456.79	22.30	9.70	12.40	272.72
22	4.2	1037.04	14.90	10.10	12.60	692.10
24	3.4	839.51	16.20	10.70	12.60	485.78
20	4.5	1111.11	18.80	9.70	12.70	627.98
18	4.6	1135.80	19.40	10.80	12.80	400.64
平均值					12.18	483.99
32	2.7	666.67	13.50	9.90	13.00	550.68
38	4.5	1111.11	18.80	10.10	13.00	644.64
31	5.8	1432.10	17.00	13.00	13.10	656.69
35	2.9	716.05	17.20	8.50	13.10	539.96

实验编号	矿块品质/g	体积/mm³	最大尺寸/mm	最小尺寸/mm	宽度/mm	抗压强度/kg·cm⁻²
34	5.5	1358.02	18.90	10.40	13.40	365.60
27	4.9	1209.88	16.00	13.00	13.50	776.25
33	5.9	1456.79	19.00	12.40	13.50	443.83
42	5.1	1259.26	20.60	8.70	13.50	408.76
39	3.7	913.58	16.20	11.60	13.60	253.34
12	3.9	962.96	18.60	9.20	13.70	510.87
23	4.9	1209.88	16.70	10.60	13.70	462.62
41	3.7	913.58	19.90	9.00	13.70	532.15
29	5.8	1432.10	17.80	12.10	13.80	509.59
37	7.5	1851.85	19.60	12.50	13.80	215.97
平均值					13.46	490.78
48	3.8	938.27	16.70	11.00	14.50	701.42
45	2.9	716.05	21.30	7.10	14.60	383.04
40	4.2	1037.04	19.10	11.00	14.80	543.05
47	3.6	888.89	18.20	11.60	15.00	477.74
54	3.5	864.20	19.50	7.20	15.20	167.68
44	5.1	1259.26	16.50	10.70	15.30	455.14
49	3.5	864.20	15.80	10.30	15.50	282.74
53	2.7	666.67	21.30	9.20	15.50	400.07
平均值					15.05	426.36
50	4.6	1135.80	22.30	8.00	16.00	482.35
46	7.8	1925.93	18.20	14.60	16.50	331.50
51	7.3	1802.47	23.10	10.20	16.60	412.15
43	3.6	888.89	19.20	8.90	16.80	492.82
52	4.7	1160.49	17.60	9.60	17.00	406.56
平均值					16.58	425.08
55	6.1	1506.17	21.90	9.10	20.00	409.61
平均值					20.00	409.61

从表 9-11 可以看出，对不规则矿块：

平均粒径在 20mm 左右，其抗压强度为 409.61kg/cm²；

平均粒径在 17mm 左右，其抗压强度为 425.08kg/cm²；

平均粒径在 15mm 左右，其抗压强度为 426.36kg/cm²；

平均粒径在 13mm 左右，其抗压强度为 490. 78kg/cm^2；

平均粒径在 12mm 左右，其抗压强度为 483. 99kg/cm^2；

平均粒径在 9mm 左右，其抗压强度为 424. 82kg/cm^2；

平均粒径在 7mm 左右，其抗压强度为 392. 58kg/cm^2。

换算成 f 值在 5 以下，不规则矿石的抗压强度并不是随着粒度的减小而减小，而是呈抛物线形，随着粒度的增大，其抗压强度先增大后减小，在矿块粒度为 13mm 左右时，其抗压强度值达到最大，最大值 $f = 4.91$。图 9-4 表明各不规则矿块经过单轴压力试验后，出现各种碎裂形态：有的裂纹最先沿着矿块中间裂开出现凹凸面，裂成两大块，有的仅碎了个小边脚，有的被压成粉末状或是小块状。通过对不规则矿块裂开的新鲜面观察发现，新鲜面绝大部分为解理面，且可看出明显的铁金属光泽，说明其裂开的新鲜面是一个金属富集面。金属富集面产生的断裂，裂开面较为平整、光滑，金属光泽强。分析其原因：不同的不规则矿块的结构、构造和组成物质的差异，造成力学性质的不同；不规则矿块的形态各异，与施力机械接触方式也不同，产生应力集中的地方也就不一样，所以会产生不同的破裂形态。

9.3.2 磨机钢球球径计算

球磨机在磨矿过程中必须要通过磨矿介质的运动实现磨矿作用。在球磨过程中，钢球作为磨矿介质，既是磨矿作用的实施体，也是能量的传递桥梁。所以，钢球决定着球磨效果的好坏以及能耗大小等。

第 2 章已经论述了各球径计算公式的应用范围及其优劣。戴维斯公式、邦德简便经验公式以及奥列夫斯基公式考虑因素太少，经验值取值不准确，导致计算球径误差太大；欧美国家使用的阿里斯·查默斯公司公式和诺克斯洛德公司公式，虽然考虑的因素较多，计算结果较为精确，但是在我国厂矿中应用却不方便。而球径半理论公式是从我国国情出发，采用破碎力学原理和戴维斯等的钢球运动理论推导出来的。该公式不仅考虑了矿石的强度及粒度大小，还考虑了磨机直径、转速、充填率、钢球有效密度和磨矿浓度等工艺参数，即使对于未考虑的因素，也采用综合修正系数 K_c 来调整，是目前考虑因素较多，符合我国矿山设备情况的半理论公式。所以，在后续的球径计算中均采用球径半理论公式。

9.3.2.1 钢球理论直径计算

梅山铁矿选厂一段与二段磨矿机尺寸均为 2700mm×3600mm，均与螺旋分级机组成闭路作业，台时处理能力为 70t/h。一段磨机每天补一次 0.8~1.6t 钢球（直径约 120mm），二段磨机每天补一次 1t 钢球（直径约 80mm）。现将梅山铁矿选厂球磨机各个参数的特定条件列于表 9-12。

表 9-12　梅山铁矿选厂一段球磨机工作参数

参数	K_c	$\psi/\%$	δ_t /g·cm^{-3}	$C/\%$	ρ_e /g·cm^{-3}	D_0/cm	K	d_f/cm	$\sigma_{压}$ /kg·cm^{-2}	D_b/cm
指标	1.12	84.04	4.05	85	7.8	232.8	0.698	12	1607.03	10.24

矿石抗压强度采用规则矿块力学测定值 1607.03kg/cm^2，按球径半理论公式及表 9-12 中参数计算，计算得一段磨矿所需的理论钢球直径：$D_b = 10.24cm = 102.4mm$。

综上所述，采用规则矿块测得的抗压强度值比实际矿块的抗压强度偏大，所以采用该抗压强度值计算获得的钢球球径值必然会比实际需要的球径值偏大。通过理论球径计算值 $D_b = 102.4mm$ 与选矿厂添加的球径 120mm 相比，尽管理论钢球直径计算值比实际需要偏大，但是仍然比现场添加的钢球要小很多，这充分说明选矿厂添加的钢球过大。

9.3.2.2　不规则矿块的优化计算直径

从不规则矿块抗压强度试验结果可知，不规则矿块 f 值在 5 左右，比规则矿块的 f 值 16 小很多，硬度明显降低，则利用不规则抗压强度值计算得的钢球直径大小也会相应降低。与此同时，根据磨矿过程中一段磨矿的正交试验结果，磨矿浓度范围为 70%~85%，钢球充填率范围为 35%~45%，其磨矿效果较好。利用其正交试验的边界条件即：磨矿浓度为 70%、钢球充填率为 35% 和磨矿浓度为 85%、钢球充填率为 45%，分别计算不规则矿块磨碎所需的钢球直径，其计算结果见表 9-13、表 9-14。

表 9-13　不规则矿块磨碎所需球径计算（$C = 70\%$，$\varphi = 35\%$）

参数	符号	单位	参数值和计算值						
磨矿浓度	C	%	70	70	70	70	70	70	70
矿石密度	δ_t	g/cm^3	4.05	4.05	4.05	4.05	4.05	4.05	4.05
矿浆密度	ρ_n	g/cm^3	2.11	2.11	2.11	2.11	2.11	2.11	2.11
钢球密度	ρ	g/cm^3	7.80	7.80	7.80	7.80	7.80	7.80	7.80
钢球有效密度	ρ_e	g/cm^3	5.69	5.69	5.69	5.69	5.69	5.69	5.69
实际转速	$n_{实际}$	r/min	21.70	21.70	21.70	21.70	21.70	21.70	21.70
磨机内半径	R	m	1.35	1.35	1.35	1.35	1.35	1.35	1.35
临界转速	$n_{临界}$	r/min	25.82	25.82	25.82	25.82	25.82	25.82	25.82
转速率	ψ	%	84	84	84	84	84	84	84
转速常数	$1/(\psi^2 - \psi^6)$	%	2.83	2.83	2.83	2.83	2.83	2.83	2.83
装球率	φ	%	35.00	35.00	35.00	35.00	35.00	35.00	35.00

参数	符号	单位	参数值和计算值						
参数	K		0.51	0.51	0.51	0.51	0.51	0.51	0.51
中间缩聚层	D_0	cm	214.40	214.40	214.40	214.40	214.40	214.40	214.40
给矿粒度	d_f	mm	20.00	17.00	15.00	13.00	12.00	9.00	7.00
粒度修正参数	K_c		0.91	0.96	1.00	1.10	1.12	1.23	1.30
抗压强度	$\sigma_压$	g/cm^2	409610	425080	426360	490780	483990	424820	392580
计算球径	B_b	mm	86.69	79.03	72.41	72.34	67.68	53.54	42.73
规范取整			90	80	80	80	70	55	45

表 9-14　不规则矿块磨碎所需球径计算（$C=85\%$，$\varphi=45\%$）

参数	符号	单位	参数值和计算值						
磨矿浓度	R_d	%	85	85	85	85	85	85	85
矿石密度	δ_t	g/cm^3	4.05	4.05	4.05	4.05	4.05	4.05	4.05
矿浆密度	ρ_n	g/cm^3	2.78	2.78	2.78	2.11	2.78	2.78	2.78
钢球密度	ρ	g/cm^3	7.80	7.80	7.80	7.80	7.80	7.80	7.80
钢球有效密度	ρ_e	g/cm^3	5.02	5.02	5.02	5.69	5.02	5.02	5.02
实际转速	$n_{实际}$	r/min	21.70	21.70	21.70	21.70	21.70	21.70	21.70
磨机内半径	R	m	1.35	1.35	1.35	1.35	1.35	1.35	1.35
临界转速	$n_{临界}$	r/min	25.82	25.82	25.82	25.82	25.82	25.82	25.82
转速率	ψ	%	84	84	84	84	84	84	84
转速常数	$1/(\psi^2-\psi^6)$	%	2.83	2.83	2.83	2.83	2.83	2.83	2.83
装球率	φ	%	45.00	45.00	45.00	35.00	45.00	45.00	45.00
参数	K		0.60	0.60	0.60	0.60	0.60	0.60	0.60
中间缩聚层	D_0	cm	222.65	222.65	222.65	222.65	222.65	222.65	222.65
给矿粒度	d_f	mm	20.00	17.00	15.00	13.00	12.00	9.00	7.00
粒度修正参数	K_c		0.91	0.96	1.00	1.10	1.12	1.23	1.30
抗压强度	$\sigma_压$	g/cm^2	409610	425080	426360	490780	483990	424820	392580
计算球径	B_b	mm	89.22	81.34	74.52	74.46	69.65	55.11	43.98
规范取整			90	90	80	80	70	60	45

　　表 9-13 和表 9-14 表明：大于 12mm 的给矿矿块采用 90mm 钢球就能满足要求，9mm 以下的矿块采用 60mm 钢球就够了。选矿厂一段磨机和二段磨机分别添加 120mm 钢球、80mm 钢球，均比实际所需球径偏大。钢球偏大产生的影响如下：

（1）矿粒容易产生贯穿破碎，表现为磨矿排矿中 $\gamma_{-0.076mm}$ 和 $\gamma_{-0.01mm}$ 偏大。

（2）返砂量不够。通常螺旋分级机返砂比为 150%~250%，而选矿厂一段磨的返砂比几乎为零。没有返砂会导致磨机排矿产品中粗粒级含量偏高。以合格粒级 0.3mm 为界限，磨机排矿中+0.3mm 产率却高达 39.62%。

（3）造成无用功增大。钢球尺寸太大，对磨机筒体衬板冲击损失较大，衬板使用寿命降低。同时剩余能量（无用功）过多，以热能形式溢出，造成选矿厂磨机排出矿浆温度过高。

9.4 破碎统计力学原理及转移概率的应用

9.4.1 利用破碎统计力学原理确定装补球大小

以上利用球径半理论公式计算出的钢球直径，仅仅是单个粒级的最佳球径。但是选厂入磨矿不可能只有单个粒级，往往是由多个粒级组成的粒级群，且各个粒级的比例均不同，这就需要利用科学的方法，根据入磨矿的粒度特性及磨矿要求进行科学合理的球径配比。

由于受实验室条件限制，根据选厂入磨矿仅进行球径配比及其破碎事件量计算，并未做扩大试验。由于一段返砂几乎没有，因此未参与计算。在钢球充填率为 38%、磨矿浓度为 80% 时，根据球径半理论公式计算出一段粗磨 $\phi100$ 钢球，二段细磨 $\phi60$ 小球完全能满足破碎要求。根据入磨物料的粒度组成特性，确定一段磨初装球为 $\phi100:\phi80:\phi60=30\%:30\%:40\%$，二段磨初装球为 $\phi60:<\phi40=20\%:80\%$ 作为计算基准。

各矿粒级别平均粒度、矿粒级别产率、适宜破碎钢球直径和对应各粒级固体体积分数关系见表 9-15，平均给矿粒度（mm）范围下的 S 和 B 值见表 9-16，现场球径配比和理论精确配比见表 9-17，两种不同球径配比的球组在一次破碎作用下可产生的破碎事件总量见表 9-18。

表 9-15 矿粒级别平均粒度、产率、适宜破碎球径及固体体积分数

矿粒级别平均直径/mm	14.5	9.5	4.5
级别产率/%	32.53	26.62	40.85
所需球径/mm	100	80	60
固体体积分数量/%	16.16	13.23	20.3

表 9-16 平均给矿粒度范围下的 S 和 B 值

平均粒度/mm	+14	13.95~10	9.95~8	7.95~6	5.95~4	3.95~2	1.97~0.8
S	0.5	0.4	0.38	0.35	0.32	0.3	0.15
B	0.7	0.5	0.4	0.3	0.25	0.2	0.15

平均粒度/mm	0.75~0.3	0.295~0.2	0.195~0.15	0.145~0.1	0.095~0.05	-0.05	—
S	0.1	0.09	0.08	0.07	0.06	0.05	
B	0.12	0.1	0.08	0.07	0.06	0.05	—

表 9-17　钢球配比

球径/mm	120	100	80	60
精确配比	—	30	30	40
选厂配比	20	30	50	—

表 9-18　各钢球配比在一次破碎作用下可能产生的破碎事件总量

配球方案	球径/mm	球比/%	球数/个	破碎事件总量			合计
				P_1	P_2	P_3	
精确配比	100	30	2387	135.04	48	38.76	221.8
	80	30	4663	—	93.95	75.72	169.67
	60	40	14737	—	—	239.31	239.31
	合计	100	21787	135.04	141.95	353.79	630.78
现厂配比	120	20	921	52.1	18.51	14.96	85.57
	100	30	2387	135.05	48	38.76	221.81
	80	50	7771	—	156.24	126.19	282.43
	合计	100	11079	187.15	222.75	179.91	589.81

从表 9-18 可知，现场装的钢球直径太大，所以粗级别矿粒的破碎事件量较高，而细级别矿粒的破碎事件量较小，分配极不均匀。通过精确计算统计后的配球，减掉一部分大球，合理增加小球的比例，从而减少了粗级别矿粒的破碎事件量，增加了细级别矿粒的破碎事件量，不仅更加均匀合理地分配了各粒级的破碎事件量，而且提了破碎事件总量。后续的工业试验结果也证明，合理配球使得磨矿产品增加了易选粒级含量，减少了过粉碎，改善了磨矿效果，说明破碎统计力学指导球径配比是科学有效的。

利用破碎统计力学原理较好地解决了钢球配比的问题。但是，仅有球径配比，还不能进行现场生产，还必须知道钢球的装填量，即钢球充填率。从前面的磨矿过程因素试验结果，获得的钢球充填率范围（35%~45%）较大，无法准确地指导现场装球。因此，为了更好地指导现场装球，必须更加精确地计算出钢球充填率。

刘基博经过多年的研究得出：球磨机的钢球充填率是否为最佳值，取决于内球层脱离角和内球层半径是否最佳。为了获得最佳值，必须满足钢球直径小于钢球质心运动轨迹抛物线顶点曲率半径两倍的条件。基于此前提，先算出最佳内球层半径值，然后再计算钢球量，确定钢球充填率。以下为计算内球层半径最佳值和钢球量的几个公式：

（1）外球层半径：

$$R_1 = \frac{D - 2\Delta_1 - d}{2} \tag{9-1}$$

式中，Δ_1 为筒体衬板平均厚度，m；d 为钢球直径，m。

（2）钢球作用直径：

$$d_z = d + \delta_1 + 2\delta_2 \tag{9-2}$$

式中，δ_1 为钢球圆度误差，m；δ_2 为钢球表面平直度误差，m。

（3）内球层半径最佳值：

$$R_{n\min} = 138.17 \frac{\sqrt[4]{d_z}}{\sqrt{n^3}} \tag{9-3}$$

式中，n 为筒体转速，r/min。

（4）球层数：

$$n_c = \frac{R_1 - R_{n\min}}{d} + 1 \tag{9-4}$$

（5）任意球层半径：

$$R_i = R_1 - (i - 1)d \tag{9-5}$$

式中，i 为球层顺序，$i = 1, 2, 3, \cdots$。

（6）任意球层脱离角：

$$\alpha_i = \arccos\left(\frac{n^2}{900}R_i\right)^\circ \tag{9-6}$$

（7）筒体旋转一周任意球层抛落的钢球数：

$$m_{pi} \approx \frac{2\pi R_i}{d} \tag{9-7}$$

（8）筒体旋转一周任意球层钢球循环次数：

$$J_i = \frac{90}{90 - \alpha_i + 28.6\sin 2\alpha_i} \tag{9-8}$$

（9）任意球层参与循环的钢球数：

$$m_i = \frac{m_{pi}}{J_i} \tag{9-9}$$

则筒体一个横断面参与循环的钢球数 m 为各球层钢球数 m_i 之和，然后根据钢球直径 d 以及筒体长度 L 算出圈数，最后采用容积修正系数 λ 和钢球密度求出装球总量 G：

$$G = \frac{\pi d^3}{6} \cdot \frac{L}{d} \delta \lambda \sum_{i=1}^{n} m_i \qquad (9\text{-}10)$$

通过收集选厂球磨机、衬板和钢球等有关资料可知，磨机参数：$D = 2.7\mathrm{m}$，$L = 3.6\mathrm{m}$，$\Delta_1 = 0.1\mathrm{m}$，$n = 21.7\mathrm{r/min}$；钢球 $\delta = 7.8\mathrm{t/m^3}$，精确配球后的平均球径 $d = 0.09\mathrm{m}$，$\delta_1 = 0.002\mathrm{m}$，$\delta_2 = 0.001\mathrm{m}$。将其代入式（9-1）～式（9-4），计算出 $R_1 = 1.205\mathrm{m}$，$d_z = 0.09\mathrm{m}$，$R_{n\min} = 0.8\mathrm{m}$，球层数 $n_c = 5$。由式（9-5）～式（9-8）计算出任意球层循环钢球数，见表 9-19。

表 9-19 任意球层循环钢球数

i	R_i/m	$\alpha_i/(°)$	$m_{pi}/$个	$J_i/$次·周$^{-1}$	$m_i/$个
1	1.205	50.915	84	1.342	62
2	1.115	54.311	77	1.433	53
3	1.025	57.568	71	1.543	46
4	0.935	60.712	65	1.676	38
5	0.845	63.761	58	1.840	31
m	—	—	—	—	230

将表 9-19 中计算结果及其他参数代入式（9-10），最终算出钢球装球量 G 为 32.6t，然后用传统装球量公式，并考虑钢球直径和衬板厚度，反算出钢球充填率 φ 为 38.1%，此时，磨机内处于小于 $R_{n\min}$ 球层的钢球，能有效地避免相互磕碰，减少了钢球动能的消耗，为磨矿产量的提升留下一定的空间。

综合考虑磨矿过程因素试验结果以及最佳钢球量计算，确定钢球充填率为 38%。

9.4.2 利用转移概率确定装补球大小

在磨矿过程中，磨机内的钢球与钢球、衬板和矿粒之间的碰撞和摩擦等相互作用，以及浆中离子及化学药剂对钢球的作用，钢球在不断地磨损，重力在不断地减少，为了保持磨机内钢球球径特性不变，就必须定期补加一定比例的钢球。为了确定补加钢球的最佳混合比例，就必须知道钢球磨损规律，从而合理地指导补加钢球。

令球磨机中定期装入的球荷由 n 种尺寸的球组成：D_1、D_2、$\cdots$、D_n，在这 n 种球荷中，球的尺寸从 D_1 到 D_n 依次减小，各级别装球质量比例分别为 a_1，a_2，$\cdots$，a_n，且满足 $a_1 + a_2 + \cdots + a_n = 100\%$。

按上述比例定期加球，钢球在磨机中按一定规律磨损，达到稳定工作状态后，磨机内球荷的粒度组成：

球的粒度级别	球的直径 D	质量比例/%
1	$D_1 \geqslant D > D_2$	b_1
2	$D_2 \geqslant D > D_3$	b_2
⋮	⋮	⋮
n	$D_n \geqslant D > D_0$	b_n

其中 $b_1 + b_2 + \cdots + b_n = 100\%$。把定期加到球磨机中各尺寸钢球的质量比例组成向量 $\{A\}$，稳态工作时球磨机内各粒级钢球质量比例组成向量 $\{B\}$，则：

$$\{A\} = \{a_1, \ a_2, \ \cdots, \ a_n\}^{\mathrm{T}} \tag{9-11}$$

$$\{B\} = \{b_1, \ b_2, \ \cdots, \ b_n\}^{\mathrm{T}} \tag{9-12}$$

利用"黑箱"理论将 $\{A\}$ 和 $\{B\}$ 联系起来，即：

$$\{B\} = [C] \cdot \{A\} \tag{9-13}$$

式为磨机稳态工作时钢球的磨损矩阵，是下三角阵：

$$[C] = \begin{bmatrix} C_{11} & 0 & \cdots & 0 \\ C_{21} & C_{22} & \cdots & 0 \\ \vdots & \vdots & \ddots & 0 \\ C_{n1} & C_{n2} & \cdots & C_{nn} \end{bmatrix} \tag{9-14}$$

式中，C_{ij} 为定期加入磨机的钢球直径 D_j 磨损成第 i 级钢球的比例。由文献可知 $C_{ij} = \dfrac{D_i^3 - D_{i+1}^3}{D_j^3}$，且 $j \leqslant i$，否则 C_{ij} 为 0。因为 C_{ij} 恒大于零，所以矩阵满秩，存在逆矩阵 $[C]^{-1}$，则：

$$\{A\} = [C]^{-1} \cdot \{B\} \tag{9-15}$$

所以，磨机内理想的球荷粒度分布即初装球尺寸分布比例确定后，便可通过式（9-15）计算出定期的加球配比。

（1）钢球磨损计算

令球磨机中定期装入的球荷有 n 种尺寸的球组成：D_1、D_2、$\cdots$、D_n 在这 n 种球荷中，球的尺寸从 D_1 到 D_n 依次减小，各级别装球重量比例分别为 a_1，a_2，$\cdots$，a_n，且满足 $a_1 + a_2 + \cdots + a_n = 100\%$。

（2）补加球配比的计算

通过初装球的计算，得到初装球的配比为 $\phi 100 : \phi 80 : \phi 60 = 30\% : 30\% : 40\%$，代入式（9-14），得：

$$[C] = \begin{bmatrix} 0.488 & 0 & 0 \\ 0.296 & 0.578 & 0 \\ 0.216 & 0.422 & 1 \end{bmatrix} \tag{9-16}$$

且 $\{B\} = \{30, \ 30, \ 40\}^{\mathrm{T}}$。通过矩阵计算，最终得到

$$\{A\} = \{61.48, 20.42, 18.11\}^T \qquad (9-17)$$

即定期补加球的配比为 $\phi100:\phi80:\phi60=61.48\%:20.42\%:18.11\%$，为了更便于选矿厂的钢球补加和长期实行，将补加球方案调整为 $\phi100:\phi80=60\%:40\%$。二段磨机仅添加 60mm 钢球。

钢球每天具体的添加量，根据选矿厂长期实践的结果，添加 $\phi120$mm 的钢球时，每处理 1t 原矿所消耗的钢球量约为 0.5kg，现球径精确优化后，球径减小了，钢球间的冲击、碰撞降低了，针对性更强了，故按 0.45kg/t 计算。选矿厂每天处理 1680t，即每天需补加钢球总量为 756kg。

9.5 磨矿工艺过程优化工业实践

9.5.1 一段球磨工艺优化工业试验方案

理论计算是否能优化磨矿过程，需要通过磨矿实践的检验。本章将磨矿过程因素研究结果和钢球尺寸计算结果，应用于梅山铁矿选矿厂 4 系列磨矿-分级系统，进行现场工业试验，并对试验前后磨矿-分级中各产品进行分析，评价其优化效果。

根据上节介绍的研究结果，以及基于选矿厂多年的经验和台时效率高的特点，确定一段磨矿精确化球径的配比为：$\phi100:\phi80:\phi60=30\%:30\%:40\%$，台时保持不变，钢球充填率为 38%，即初装球量约为 32.5t，其中 $\phi100$、$\phi80$、$\phi60$ 分别为 9.75t、9.75t 和 13t。

从钢球磨损规律出发，应用钢球磨损矩阵计算出定期补加球配比，再结合选厂特点以及实行的方便性和可持续性，最终确定补球制度为：补球尺寸比例按照 $\phi100:\phi80=60\%:40\%$ 方式补加新球。钢球磨损量按 0.45kg/t 计算，每天处理量为 1680t，则每天需补球 756kg。

结合磨矿过程影响因素试验结果以及现场工程实践经验确定磨矿条件为：
（1）磨矿浓度为 75%~80%；
（2）磨机转数为 21.7r/min（维持现状）；
（3）钢球充填率为 38%；
（4）螺旋分级机返砂比为 100%~150%，通过适当增加一段磨的排矿水；
（5）分级机溢流浓度和细度分别为 60% 和 40%~45%。

9.5.2 二段球磨工艺优化工业试验方案

从流程考察结果可知，选矿厂原先一直添加 $\phi80$ 钢球的后果是，虽然 -0.076mm 细度达到要求，但是过粉碎含量高、易选粒级产率低，粒度分布极不均匀，均说明 $\phi80$ 钢球尺寸过大。通过对二段返砂粒度组成的分析、球径计算和运用破碎统计力学和钢球磨损原理，同时考虑到梅山铁矿二段磨机为格子型磨机，不宜装补球径太小的钢球，否则容易从格子板的筛孔强制排出，导致钢球的浪费，因此，最终确定优化后的球径配比为：$\phi 60$：$<\phi 40 = 20\%$：80%。根据选矿经验，一般细磨的钢球充填率比粗磨要低 5% 左右，所以二段磨钢球充填率取 35%，即二段磨初装球量为 30t，其中 $\phi 60$ 钢球为 6t，小于 $\phi 40$ 钢球为 24t。

为了增加可操作性和可持续性，二段仅补加 $\phi 60$ 新钢球，补加量按二段钢球磨损量 0.4kg/t，日处理 1680t 计算，即每天白班需一次性补加 $\phi 60$ 新球 672kg。

磨矿浓度维持在 75%，分级机返砂比在 200% 左右，分级机溢流浓度为 35%，细度在 63% 左右，其他条件保持不变。

9.5.3 工业试验结果与分析

9.5.3.1 介质制度和磨矿工艺参数调节

为了不影响选矿厂正常生产，则工业试验前未对 4 系列磨矿机进行清球，直接以一、二段磨原有补加球制度形成的自然球径为初装球。补加球则按实验室精确计算优化后的补加球制度添加。

从 2013 年 10 月 1 日开始，梅山铁矿选矿厂自行按新的补加球制度对 4 系列磨机添加球，而其他工艺参数仍采用试验前的参数。经过实行新的补加球制度 40 多天后，11 月中旬，到梅山铁矿对 4 系列磨矿-分级系统进行取样分析，进行工业调试，通过调节给矿水阀门、返砂补加水阀门、磨机排矿补加水、分级机补加水等调试，优化磨矿工艺参数，找到较优工艺参数，并稳定运行几个月后，2014 年 3 月中旬再次到选矿厂进行取样分析、资料收集和综合评价分析。

9.5.3.2 磨矿-分级回路中浓度与细度变化

试验前后分别对实验组 4 系列磨矿-分级进行取样考察分析，同时与对照组 3 系列磨矿-分级的各产品进行对比分析（3 系列磨矿-分级系统的介质制度和工艺参数与 4 系列工业试验前的一样）。测得的浓、细度结果见表 9-20。

表 9-20　工业试验前后磨矿-分级回路中浓度、细度分布结果　　　　（%）

试验阶段	浓、细度	一段排矿	一段返砂	一段溢流	二段排矿	二段返砂	二段溢流
试验前	浓度	81.4	96.33	80.81	83.05	85.01	40.18
	细度	33.53	4.48	34.98	30.8	12.75	62.08
试验后	浓度	81.34	87.15	68.7	78.33	85.24	38.87
	细度	32.25	13.1	40.05	43.75	19.55	70.39
对照组 3 号	浓度	86.07	—	85.16	84.05	85.66	46.08
	细度	35.45	—	36.55	30.50	13.38	64.15

从表 9-20 数据结果分析可知：对比 4 系列实验前和对照组 3 系列结果，实行新补加球制度后，两段磨机排矿−0.076mm 细度并没有下降，反而二段排矿比试验前增加了 12.95%，这说明新的补加球配比不仅能够满足生产要求，而且添加球径变小，贯穿破碎会明显降低，更有利于随解理面破碎，减轻过粉碎。

进行工艺参数的优化后，一段溢流、二段磨矿和二段分级溢流的浓度均得到明显的降低，接近试验研究要求范围，分布更加合理；与此同时，一段溢流和二段排矿−0.076mm 细度分别提高到 40.05%、43.75%；进入二段分级机的细度和浓度得到改善，二段溢流−0.076mm 细度由 62.08% 增至 70.39%。

9.5.3.3　工业优化后磨矿−分级回路的粒度分布

为了详细了解 4 号磨矿−分级系统工业调试稳定后的效果，分别对工业试验后的 4 号磨矿−分级各产品的取样、筛分进行分析，结果见表 9-21。

表 9-21　试验后磨矿−分级回路中各产品粒度分布规律　　　　（%）

粒级/mm	入磨矿	一段返砂	一段排矿	一段溢流	二段返砂	二段排矿	二段溢流
+12	9.05	—	—	—	—	—	—
12~8	20.20	0.60	1.05	—	—	—	—
8~4	24.60	2.90	2.85	—	—	—	—
4~2	15.05	7.70	3.95	1.40	1.40	—	—
2~1	8.95	24.00	10.75	6.45	5.45	—	—
1~0.5	3.60	13.25	8.90	5.70	4.85	0.60	0.83
0.5~0.3	3.75	17.50	13.95	13.60	12.90	4.40	2.21
0.3~0.15	4.00	12.30	13.30	14.75	24.75	17.30	6.15
0.15~0.10	3.05	5.45	8.15	10.10	18.90	19.45	9.57
0.10~0.076	1.85	3.20	4.75	7.95	12.20	14.50	10.85
0.076~0.038	1.30	6.15	20.50	26.75	15.85	33.20	48.01
0.038~0.019	2.10	2.25	2.95	3.95	1.40	3.25	5.97
0.019~0.01	0.55	0.90	1.50	2.05	0.40	1.45	4.36
−0.01	1.95	3.80	7.40	7.30	1.90	5.85	12.05
合计	100	100	100	100	100	100	100

为了更直观地对比分析和说明问题，将工业试验前后（表 9-5）和磨矿−分级回路（表 9-21）中一些关键数据汇总于表 9-22 中。

表 9-22   工业试验前后磨矿-分级回路中各产品中分布规律   （%）

对比指标		入磨矿	一段返砂	一段排矿	一段溢流	二段排矿	二段返砂	二段溢流
$\gamma_{-0.76mm}$	试验前	5.8	4.48	33.53	34.98	30.8	12.75	62.08
	试验后	5.9	13.1	32.25	40.05	43.75	19.55	70.39
	增（降）幅	1.72	192.41	-3.82	14.49	42.05	53.33	13.39
$\gamma_{-0.01mm}$	试验前	2.01	0.89	11.38	11.75	7.45	2.3	15.39
	试验后	1.95	3.8	7.4	7.3	5.85	1.9	12.05
	增（降）幅	-2.99	326.97	-34.97	-37.87	-21.48	-17.39	-21.70
$\gamma_{0.3\sim0.01mm}$	试验前	10.87	10.33	49	48.24	71.1	53.35	79.41
	试验后	16.6	30.25	51.15	65.55	89.15	73.5	84.9
	增（降）幅	52.71	192.84	4.39	35.88	25.39	37.77	6.91

注："-"表示降低幅度，下同。

从表 9-22 可以看出，工业试验前后，入磨矿的粒度组成差异变化小，既说明碎矿作业效率非常好，且稳定，同时也为工业试验效果对比提供了良好的前提条件。

（1）通过实验室球径精确计算以及对装补球球制度的优化，减掉了过大球径的钢球，增加了相应较小矿粒所需的小球，使得大球砸大矿粒，小球磨小矿粒，提高了磨矿过程的针对性和选择性。试验后的磨矿-分级回路中各产品的过粉碎含量均有所减轻，而易选粒级含量有不同程度的增加，很好地证明了这一点。

（2）一段排矿中易选粒级含量仅降低 3.82%，但过粉碎产率减轻 34.97%；二段排矿中易选粒级含量增加幅度达 42.05%，过粉碎含量减轻 21.48%；这说明精确化磨矿技术辅以磨矿过程参数的优化，能有效地改善磨矿过程和提高磨矿效果。

（3）合理地控制各补加水，优化磨矿工艺参数，促进了分级效率的提高，磨矿过程得到改善。一段分级溢流中易选粒级增加幅度为 14.49%，过粉碎减轻 37.78%；二段分级溢流中易选粒级增加 6.91%，过粉碎减轻 21.7%，两段分级溢流产品粒度分布更加均匀，产品质量得到明显提高。

9.5.3.4   磨矿-分级回路中的过程效率

为了考察磨矿过程和分级过程的效率水平，评价磨矿-分级工艺过程的优化效果，将工业试验后 4 系列磨机利用系数、分级机返砂比和分级质效率与试验前对比，以及与平行对照组 3 系列对比，其结果分别见图 9-5 和图 9-6。

从图 9-5 可以看出，工业试验前后，通过磨矿工艺参数的优化调整，在保证

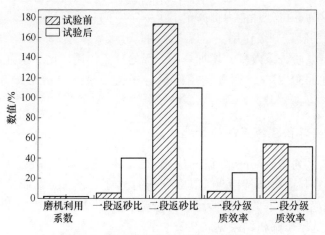

图 9-5　试验前后磨矿-分级过程效率

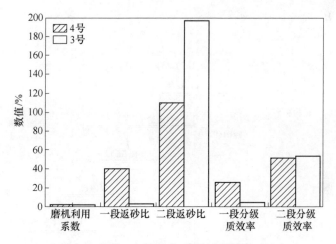

图 9-6　4 号、3 号磨矿-分级过程效率对比

一段磨磨机利用系数基本不变的前提下，明显地提高了二段磨磨机利用系数，增幅达 35.21%，从而两段磨总系数增至 2.01t/(h·m³)，增幅为 11.05%，磨机得到更加充分的利用。

　　合理地调节分级机返砂比，增加一段分级返砂量，稍微降低二段返砂量，科学地分配两段分级机负荷，可以有效地增加一段分级机的分级作用，其分级质效率提高 305.32%，最终提高磨矿-分级回路中的总分级效率 27.98%，极大地改善了磨矿分级效率，这为降低能耗提供了较大空间，同时也是磨矿-分级回路中粒度特性改善的重要原因。

　　通过与平行系列 3 系列对比可知：介质制度和磨矿工艺参数的优化，提高了磨机利用系数，所以生产易选粒级的产率就会加大，从而使总返砂量减少，总返砂比降低，这为磨机处理能力提高留下了一定空间；3 系列中一段分级机返砂比仅 3.1%，几乎没有分级作用，所以 3 系列总分级效率才 58.19%，而 4 系列经优化工艺，保持二段分级效率，增加一段分级的分级作用，比 3 系列一段分级机分级质效率增加 439.27%，充分利用两段分级机，最终总分级效率比 3 系列提高 31.74%。

9.5.3.5　二段溢流产品的分选效果

经过对 4 系列磨矿-分级系统的优化，二段溢流产品质量大为改善（见表 9-22）。为了考察粒度分布特性改善其对分选的影响，分别对工业试验前后的二段溢流进行实验室条件下的分选验证，分选流程见图 9-7，分选结果如图 9-8 和图 9-9 所示，磁选尾矿筛析结果见表 9-23。

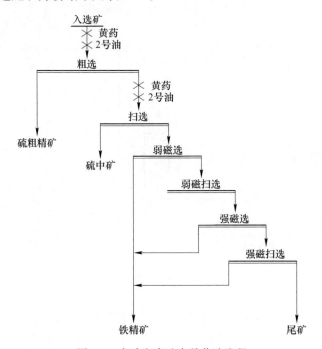

图 9-7　实验室磨矿产品分选流程

从图 9-8、图 9-9 可以看出：优化磨矿后，二段分级溢流产品中 -0.076mm 产率和易选粒级增加，以及过粉碎减轻，使工业试验后铁精矿技术指标全面得到了提高，其中铁精矿产率提高了 12.96%，铁品位增加了 2.64%，铁回收率提高了 7.74%。与此同时，磁选尾矿中，产率降低幅度达 20.62%，铁回收率降低幅度达 26.59%，有效地减少了铁资源的损失。

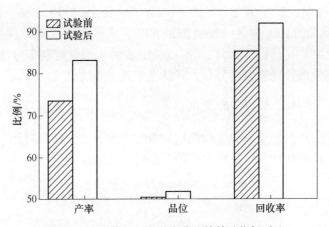

图 9-8　试验前后二段溢流分选铁精矿指标对比

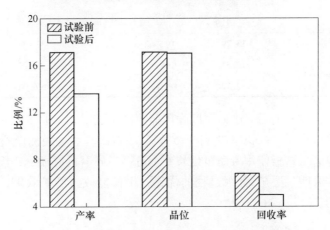

图 9-9　试验前后二段溢流磁选尾矿指标对比

表 9-23　工业试验前后磁选尾矿粒度分布特性

粒级/mm	试验前			试验后		
	$\gamma/\%$	$\sum_{上}/\%$	$\sum_{下}/\%$	$\gamma/\%$	$\sum_{上}/\%$	$\sum_{下}/\%$
0.6~0.3	2.41	2.41	100	3.46	3.46	100
0.3~0.15	4.33	6.74	97.59	9.03	12.49	96.54
0.15~0.10	2.82	9.55	93.26	4.51	17.01	87.51
0.10~0.076	2.13	11.68	90.45	4.67	21.67	82.99
0.76~0.038	9	20.69	88.32	8.43	30.1	78.33
0.038~0.019	9.42	30.1	79.31	10.46	40.56	69.9
0.019~0.01	6.05	36.15	69.9	9.1	49.66	59.44
-0.01	63.85	100	63.85	50.34	100	50.34
$\overline{D}/\mathrm{mm}$		0.038			0.057	

表 9-23 表明，磁选尾矿中 −0.01mm 产率降低了 13.51%，降低幅度达 21.16%。与此同时，磁选尾矿粒度加粗 50%，有利于后续尾矿快速沉淀浓缩。这说明，优化磨矿-分级后，磨矿产品质量的改善，不仅有利于分选技术指标的提高，而且还能改善尾矿粒度分布，降低尾矿处理难度。

9.5.3.6　其他技术指标的变化

以上主要是从磨矿产品粒度特性、分级效率和分选方面来对比，下面通过其他方面对比，如磨矿功耗、矿浆温度的变化等，见表 9-24。

表 9-24　不同系列下各磨矿效率

对比指标	$Q/t \cdot h^{-1}$	磨机单耗 /kW·h·t⁻¹ 一段磨 +二段磨	钢球单耗/kg·t⁻¹		矿浆温度/℃	
			一段磨	二段磨	一段磨	二段磨
3 号	73	13.79	0.5	0.45	33~34	34
4 号	73	12.31	0.45	0.4	31~32	33.5
增（降）幅/%	0	12.12	−10	−11.11	−6.06	−1.47

与此同时，试验前后对磨矿车间噪声监测结果表明，工业试验后使用球径减小，磨机噪声减小了 2~6dB。进行了 5 个多月的试验后，观测磨机衬板磨损情况，估计一段磨机衬板使用寿命可延长 6 个月，二段磨机衬板可延长 1 年以上。

以上数据表明，磨矿-分级过程的优化，不仅能改善磨矿效果，还能达到节能降耗的目的。

9.6　工业试验结论

规则矿块的抗压强度为 $f=16$，属于中硬偏硬矿石类型，不规则矿块的抗压强度 f 值均在 5 以下。规则矿块的抗压强度比不规则矿块的要高很多。根据球径半理论公式计算出一段粗磨 $\phi100$ 钢球，二段细磨 $\phi60$ 小球完全能满足破碎要求，选矿厂实际添加球径过大，容易造成贯穿破碎，过粉碎严重，产品粒度不均。

应用破碎统计力学和钢球磨损规律，确定一段磨初装球为 $\phi100 : \phi80 : \phi60 = 30\% : 30\% : 40\%$，补加球为 $\phi100 : \phi80 = 60\% : 40\%$；二段磨初装球为 $\phi60 : <\phi40 = 20\% : 80\%$，补加球 $\phi60$ 为 100%。根据磨损规律和破碎统计力学计算，合适的磨矿浓度也非常关键，应维持一段、二段磨的磨矿浓度为 78%~84%。

通过精确化磨矿工艺方法，二段分级溢流产品的质量明显改善。与 4 系列应用前比较，在 −0.076mm 产率提高了 13.39% 的情况下，二段分级溢流产品过粉碎减轻 21.7%，易选粒级增加 6.91%，其中 $\gamma_{0.076~0.038mm}$ 提高了 10.14%；与 3 系列取样平行比较，在二段分级溢流产品 −0.076mm 产率提高了 7.39% 的情况下，同时减轻过粉碎 2.85%，增加易选粒级 6.83%，其中 $\gamma_{0.076\sim0.038mm}$ 提高了 7.81%；磁选尾矿中 -0.01mm 产率降低了 13.51%，降低幅度为 21.16%，磁选尾矿粒度加粗幅度 50%。

磨矿过程优化，使得两段磨矿过程负荷均匀化，磨机总利用系数 q_{-200} 提高 0.2t/(h·m³)，分级总效率提高了 16.76%，提高幅度为 27.97%，给磨机提高处理能力提供了一定的空间。

从试验前后二段溢流分选结果可知，铁精矿产率提高了 12.96%，铁品位增加了 2.64%，铁回收率提高了 7.74%。与此同时，磁选尾矿中，产率降低幅度达 20.62%，铁回收率降低幅度达 26.59%，有效地减少了铁资源的损失。采用精确化磨矿工艺方法，不仅能提高磨机处理能力，还能改善分选指标。

采用精确化磨矿工艺方法，可以取得非常显著的节能降耗效果，总磨矿成本降低 1.70 元/t。具体体现在：磨机功耗下降 1.68kW·h/t；钢球单耗下降 0.1kg/t；磨机噪声下降 2~6dB；磨矿矿浆温度降低 0.5~2℃；一段磨的磨机衬板使用寿命估计可延长 6 个月；二段磨的磨机衬板使用寿命可延长 1 年以上。

自 2015 年起，以上研究成果已经在梅山铁矿选矿厂所有磨矿分级回路中得到了推广应用。

参 考 文 献

［1］中华人民共和国国土资源部. 1999 年中国国土资源报告［M］. 北京：海洋出版社，2000.

［2］李元，鹿心社. 国土资源与经济布局［M］. 北京：地质出版社，1999.

［3］中国资源信息编撰委员会. 中国资源信息［M］. 北京：中国环境科学出版社，2000.

［4］段希祥，曹亦俊. 球磨机介质工作理论与实践［M］. 北京：冶金工业出版社，1999.

［5］国外选矿快报. 选矿中的科学与技术难题［J］. 1994，（11）：1~9.

［6］李启衡. 碎矿与磨矿［M］. 北京：冶金工业出版社，1995.

［7］《选矿手册》编委会. 选矿手册（第二卷，第二分册）［M］. 北京：冶金工业出版社，1993.

［8］A·F·塔加尔特. 湿式磨矿［M］. 北京：冶金工业出版社，1959.

［9］顾枫. 金属矿山［J］. 1990，（1）：55~58.

［10］R·P·金. 国外金属矿选矿［J］. 1995，（7）：1~8.

［11］L. Lorenzen et al. Int. J. Miner. Process.，1994，（4）：1~5.

［12］K. S. E. Forssdergl. Mineral Processing & Extractive Metallurgy［J］. 1996，（5-8）：133~139.

［13］段希祥. 中国金属学会自磨研讨会论文. 昆明工学院：1980，10.

［14］R. E. Mclvor. Society for Mining Metallurgy and Exploration annual Meeting［J］. Colorado. 24-27，Feb，1997：279~291.

［15］中南矿冶学院，东北工学院. 破碎筛分［M］. 北京：中国工业出版社，1961：222~223.

［16］D. E. Pickett，等. 加拿大选矿实践［M］. 李怀先，等译. 北京：冶金工业出版社，1983.

［17］K. Winther. New Mill Design for Large Grinding Mill，27th Annual Meeting of Canadian Mineral Process，Ottawa：Jan，1995：17~19.

［18］S. Morrell et al. Elssevier Science B. V.［J］. Amsterdam：289~300.

［19］D. C. Burges，Miner. Metal. Process.［J］. 1997，14（4）：41~44.

［20］陈炳辰. 磨矿原理［M］. 北京：冶金工业出版社，1989.

［21］《选矿手册》编委会. 选矿手册（第二卷，第二分册）［M］. 北京：冶金工业出版社，1993.

［22］杨映文. 大孤山选厂磨矿分级的某些改进及途径［J］. 第二届全国破碎及磨矿学术会议论文集，1985.

［23］《选矿手册》编委会. 选矿手册（第二卷，第一分册）［M］. 北京：冶金工业出版社，1993.

［24］李启衡. 粉碎理论概要［M］. 北京：冶金工业出版社，1993.

［25］P. Rosin，E. Rammler. J. Inst. Fuel.［J］. 1993，（7）：29.

［26］G. Herdan. Small Particle Statistics［M］. New York：Elsevier Publishing Co.，1953.

［27］A. M. Gaudin，T. P. Meloy. Trans. A. I. M. E.［J］. 1962，（223）：40~42.

［28］A. M. Gaudin，T. P. Meloy. Trans. A. I. M. E.［J］. 1962，（223）：43~50.

［29］段希祥. 选择性磨矿及其应用［M］. 北京：冶金工业出版社，1991.

［30］李卫.热力学与统计物理［M］.北京：北京理工大学出版社，1989.

［31］郑水林，等.非金属矿加工技术与设备［M］.北京：中国建材出版社，1998.

［32］T. E. Norman. A review of material for grinding mill liners［M］. Materials for the Mining Indusry Climax Mo Co，1974.

［33］葛长路.矿山机械磨损与抗磨技术［M］.徐州：中国矿业大学出版社，1995，16~17.

［34］申鼎煊.随机过程［M］.武汉：华中理工大学出版社，1990，34~35.

［35］邓永录.随机模型及其应用［M］.北京：高等教育出版社，1994，242~246.

［36］俞钟祺，马秀兰.随机过程理论及其应用［M］.天津：天津科学技术出版社，1996.

［37］王卫星.随机过程在流膜选矿中的应用［M］.北京：科学出版社，1995.

［38］刀正超.选矿厂磨矿工［M］.北京：冶金工业出版社，1987.

［39］邹春林.梅山铁矿磨矿-分级工艺过程优化试验研究［D］.江西理工大学硕士学位论文，2016.

［40］吴彩斌.提高梅山铁矿磨矿均匀性与磨矿效率试验研究.江西理工大学科研报告，2014.

［41］刘安平，陈青波，倪文.梅山铁矿石高压辊磨试验研究与应用探讨［J］.宝钢技术，2009（03）：61~64.

［42］严刘学，史广全，刘安平，等.梅山铁矿提高磨矿产品均匀性试验［J］.现代矿业，2014（04）：130~132.

［43］衣德强，张小明.提高梅山铁矿细粒级铁矿石回收率的探讨［J］.中国资源综合利用，2013（08）：39~41.

［44］刘基博.球磨机内球层脱离角和内球层半径最佳值研究［J］.矿山机械，2013（10）：75~78.

［45］刘基博，张子扬.球磨机装球量的准确计算［J］.矿山机械，2014（08）：87~90.

［46］Junfu King，Qiang Li，Alex Wang，et al. Evaluation of grinding media wear-rate by a combined grinding method［J］. Minerals Engineering，2015，73：39~43.

［47］D. C. Sutton，G. Limbert，D. Stewart，et al. A functional Form for Wear Depth of a Ball and a Flat Surface［J］. Tribology Letters，2015，1：173~179.

［48］李秋生，马希青，任志宇，等.球磨机钢球磨损矩阵研究之概述与认识［J］.河北建筑科技学院学报，1998（09）：45~49.

后　记

　　本书是在我的博士论文基础上编写的，一篇博士论文质量的高低和撰写完成，除了本人的努力外，离不开导师的悉心指导、同学的热情鼓励和亲人的大力支持。我的导师 段希祥 教授渊博的学识、治学严谨的态度、谦逊的品质、踏实的工作作风、对科研的认真负责精神，年过六旬仍亲临生产第一线，所有这些都激励着我刻苦求学，奋发向上。导师的品格至今影响着我的人生。我的师兄曹亦俊教授目前已经成长为"长江学者"，曾经也是我的科研指路人。我的家人，在我多年求学之路上一直给予了我无限的动力和精神鼓励。

　　记得 2002 年 6 月初我做博士毕业答辩时，有几位专家评委问我今后去哪里工作？我说我将回到江西南昌的一所高校工作，估计不会从事磨矿方向研究了。专家连说三声"可惜"！说难得见到一篇有理论、有实践、有深度的博士论文，不继续深入研究就非常可惜了。也真是遗憾我 15 年前没有听懂专家的"可惜"之言！而我的导师 段希祥 教授，也因为这篇博士论文的缘故，始终默默关注我在南昌发展的动态。

　　博士毕业后，由于大学学科平台的缘故，还真是没有从事磨矿方向研究了。转而从事环境工程专业中固体废弃物资源化方面的研究。幸运的是，我大学和研究生时代所学的选矿方法、粉碎方法，倒是全部用于这方面的研究了，使得我对矿物加工工程专业知识没有断过线。

　　一次机缘巧合，江西理工大学（南昌校区）开办了矿物加工工程专科专业。听说我本、硕、博均是矿物加工工程专业毕业的，极力邀请我前往兼职授课。正是这一机遇，我竟然发现自己内心一直对矿物加工工程专业念念不忘！在内心挣扎了一年多后，2011 年 12 月，我毅然决然率全家从南昌调往江西理工大学本部工作。

　　来到赣州工作后，我的首要任务是重新学习磨矿领域知识，购置碎磨设备，建立粉体测试工作室。经过 5 年来的建设和投入，目前粉体工作室已经拥有实验室型破碎机、对辊机、球磨机、棒磨机、立磨机、艾砂磨机、JKDWT 试验机、ROCKLABS 破碎机、功指数球磨机等粉碎装备以及粉体综合特性测试仪、粉末接触角、激光粒度仪、JKSimMet 等粉体测试仪器和软件，开发出选矿厂钢球直径计算软件和磨矿分级数据计算与管理软件，基本建立起国内领先的矿物粉碎能耗测试与分析平台。

　　我在江西理工大学主持的第一个磨矿优化项目，是 2012 年 9 月由湖南柿竹园有色金属有限责任公司（简称柿竹园公司）委托的"柿竹园多金属选厂磨矿系统优化试验研究"课题。当时心里非常忐忑不安，毕竟是自己博士毕业后第一次承接的磨矿领域科研项目，也是第一次亲自负责调试的工程项目。凭借扎实的磨矿基础理论和攻博期间积累的工业调试经验，竟然顺利地完成了项目研究和工业调试任务，取得了良好的节能降耗效果，获得了柿竹园公司的肯定。正是凭借这种良好的工业实践效果，柿竹园公司连续四年委托我完成了各种磨矿优化项目，验证了这篇博士论文理论研究成果应用于工业实践的效果。随后这一科研成果陆续在南京梅山铁矿、江西铜业集团公司各矿山、青海海鑫矿业公司得到了推广应用。金钼股份、江西巨通实业有限公司也完成了实验室磨矿研究工作。

在另一个科研主战场，我的导师 段希祥 教授带领博士研究生在云南铜业集团公司、甘肃金川镍矿、安徽铜陵有色集团、山东招金矿业等的矿山选矿厂持续开展了相应的磨矿优化项目，也是采用我的博士论文理论研究成果。在工业实践中，取得了显著的节能降耗和提质增效效益。

我的研究生邹春林，在其硕士学位论文"梅山铁矿磨矿-分级工艺过程优化试验研究"中，根据球径半理论公式、破碎统计力学以及钢球磨损原理，得出了一段磨矿和二段磨矿最佳装、补球制度，并应用于工业实践中，使得二段分级溢流产品过粉碎减轻，易选粒级产率增加，总分级效率得到提高；同时磨机功耗、钢球单耗均大为降低，衬板使用寿命得到延长，综合降低磨矿成本超过 1 元/t 以上，创造了显著的经济效益。感兴趣的读者可以查阅该篇硕士学位论文。

今年江西理工大学决定分类资助各类专著出版，其中就有一项资助为：江西理工大学"优秀博士论文文库"。想到自己这么多年来一直在实践，证明博士论文的理论研究成果是可靠的，因而决定出版这篇博士学位论文。为保证博士学位论文的原汁原味，我没有对论文的内容进行任何修订，仅仅在最后一章增加了最近的一项科研实践。但这样一来，由于时间过去了 15 年之久，很多参考文献就显得过时了！希望读者不要介意。若要索引最新文章，非常容易搜索得到。

　　这篇博士学位论文能形成专著，得到了江西理工大学资助出版，在此向江西理工大学各位领导、各职能部门表示最衷心的感谢！也感谢云南金平有色金属矿产公司和南京梅山铁矿各级领导在工业试验期间所提供的帮助。

　　谨以此专著，献给我敬爱的恩师 段希祥 教授！

作　者

2017 年 9 月